DAS TRAININGS-ABC

Von **A** wie Abruf, **F** wie Funktionaler Verstärker, **K** wie Konditionierung, **P** wie Premack-System, bis hin zu **Z** wie Zertifizierung zum Hundetrainer

Hrsg. DER HUND

DER HUND Wissen

Das Nachschlagewerk fürs Hundetraining

Veronika Rothe

Müller Rüschlikon

Einbandgestaltung: R2 I Ravenstein, Verden

Titelbild: Andrea Geiger
Foto auf der Umschlagrückseite: Thore Brockhoff

ISBN 978-3-275-02290-8

Postfach 103743, 70032 Stuttgart
Ein Unternehmen der Paul Pietsch Verlage GmbH & Co. KG

1. Auflage 2023

Sie finden uns im Internet unter www.mueller-rueschlikon-verlag.de

Gesamtleitung: Claudia König
Lektorat: Redaktion DER HUND
Innengestaltung: r2 | Ravenstein, Verden
Druck und Bindung: Graspo CZ, 76302 Zlin
Printed in Czech Republic

INHALT

G — WIE ...

H — WIE ...

I — WIE ...

J — WIE ...

K — WIE ...

Foto: Thore Brockhoff

VORWORT

Mit diesem kleinen Nachschlagewerk, das zum Reinschauen, Durchstöbern, Nachlesen und Inspirieren gedacht ist, wünsche ich Ihnen viel Freude.

Ohne Anspruch auf Vollständigkeit finden Sie hier Erklärungen zu wichtigen Begrifflichkeiten für ein besseres Verständnis der Lebenswelt und Lernfähigkeit Ihres Hundes.

Egal, ob Sie Ihr Abruf-Signal stärken wollen (A wie Abruf), Ihre Bindung testen möchten (B wie Bindung), auf der Suche nach einer neuen Beschäftigung sind (D wie Dummytraining), einen Einblick haben möchten, wie Ihr Hund lernt (K wie Konditionierung), scharf darauf sind zu wissen, was unsere Hunde alles können (N wie Nasenleistung), oder schon lange eine tolle Belohnungsstrategie benötigen (P wie Premack-System) – hier finden Sie eine Vielfalt an Wissenswertem.

Ein großer Dank geht an die vielen Gast-Autoren, die es ermöglichen, Ihnen verschiedene Blickwinkel auf ein Thema aufzuzeigen und die das Buch mit ihrem wertvollen Wissen sehr bereichern.

Ein wichtiges Credo zum Abschluss: Haben Sie Spaß mit Ihrem Hund! Fördern und fordern Sie ihn, ohne ihn zu überfordern. Genießen Sie gemeinsame Erlebnisse, trauen Sie Ihrem Hund etwas zu, lassen Sie sich auch einmal auf die Ideen Ihres Hundes ein und nehmen Sie nicht alles so ernst!

Mit allerbesten Grüßen

Veronika Rothe

Im Buch finden Sie unter anderem kurze Texte oder Zitate von:

Ariane Ullrich
Dr. Iris Schöberl
Kristina Räder
Florian Sernetz
Dr. Julia Fritz
Prof. Dr. Ádám Miklósi
Philippa Williams
Annika Nowatzek
Nadia Winter
Pia Gröning
Arne Winkler
Kristina Ziemer-Falke
Frauke Loup
Jennifer Wehage
Alexandra Ackermann
Dr. Peter Spork
Kate Kitchenham
Nina Stockerl
Simone Schwanda
Dr. Dorit Feddersen-Petersen

Foto: Thore Brockhoff

Ablenkung

Ablenkung ist all das, was dafür sorgt, dass der Hund sich nicht mehr auf uns, also seine Aufgabe, konzentrieren kann. Sie geht häufig mit einer erhöhten Erregungslage einher und ist ein wichtiger Faktor beim Hundetraining, der meist unterschätzt wird. Was ablenkend ist, ist für jeden Hund individuell. Schnelle Bewegungsreize können für starke Ablenkung sorgen, spannende (Wild-) Gerüche oder auch andere Hunde (oder Hündinnen).

Das sollten Sie beachten

Wählen Sie die Umgebung passend zum Trainingsstand!
Der Aufbau eines neuen Verhaltens und Signals sollte immer in einer sehr reizarmen Umgebung mit möglichst wenig Ablenkung beginnen – am besten also zu Hause in Wohnzimmer oder Garten. Klappt es dort gut, können die Ablenkungsreize langsam gesteigert werden. Eine tolle Möglichkeit ist zum Beispiel auch ein Training (etwa der Leinenführigkeit) auf einem einsamen Supermarkt-Parkplatz am Sonntag. Dank des Teer-Untergrundes gibt es dort kaum geruchliche Ablenkungen und dem Hund wird es deutlich leichter fallen, sich auf uns zu konzentrieren.

• **Trainingstipp:** Ablenkungsreize

Im Training können wir in einem kontrollierten Rahmen gezielt Ablenkungsreize einbauen – immer in einer Intensität, die der Hund bewältigen kann und ansprechbar bleibt. Er soll es trotzdem schaffen, zum Erfolg zu kommen. Eine gezielte Ablenkung kann beispielsweise ausgelegtes Futter sein, das der Hund während des Trainings ignorieren soll. ●

Abruf

Der sichere Abruf des Hundes gehört ohne Zweifel zu den Signalen, die ein Hund unbedingt beherrschen sollte. Klappt das zuverlässig, kann man dem Vierbeiner sehr viele Freiheiten gewähren.

Es empfiehlt sich, **ein festes Abruf-Signal** zu wählen, das in der Alltagssprache kaum vorkommt und daher heraussticht, zum Beispiel »zu mir«. Nicht empfehlenswert ist der Rückruf alleinig mit dem Namen des Hundes, da er sehr oft in unterschiedlichen Kontexten verwendet wird und dem Hund die Zuordnung zum richtigen Verhalten schwerfällt. Schnell abgenutzt sind Signale wie »Komm«, »Komm her« oder »Hierher«, da wir sie im Alltag oft gebrauchen. Idealerweise sprechen wir unser individuelles Rückrufsignal immer in der gleichen auffälligen Tonlage und Betonung aus. Auch der Aufbau eines Rückruf-Signals mit einer Pfeife ist möglich. Diese sticht ganz besonders hervor, ist immer gleich, und auch über große Distanzen noch gut für den Hund hörbar.

Zielformulierung: Auf mein verbales Signal »zu mir« hin soll der Hund sich schnellstmöglich und auf direktem Weg in meine Richtung bewegen und ganz herankommen. Ist er bei mir, soll er dort so lange bleiben, bis ich ihm sein Freigabe-Signal (zum Beispiel »ok«) gebe.

Damit der Hund lernt, was unser Abruf-Signal (etwa »zu mir«) bedeutet, nutzen wir es zunächst nur, wenn er sich bereits bei uns befindet und etwas Leckeres bekommt. Nach und nach wird das Signal immer früher eingesetzt. Beispiel: Wir rufen den Namen des Hundes, um seine Aufmerksamkeit zu bekommen, locken ihn dann zu uns und gehen ein paar Schritte rückwärts. Erst wenn der Hund fast schon bei uns angekommen ist und wir sicher sein können, dass er auch zu uns kommt, geben wir unser festes Abruf-Signal. Wir fangen so also das gewünschte Verhalten (das Herankommen) ein und verstärken es genau in dem Moment, in dem es auftritt. **Besonders tolle Leckerlis** und eine **Schleppleine** erleichtern das Training (siehe Schleppleine).

Obacht: Ein sicherer Abruf allein ist kein Anti-Jagd-Training! Zur Kontrollierbarkeit stark jagdlich motivierter Hunde gehören einige weitere Trainingsschritte sowie Management-Maßnahmen!

So verbessern Sie Ihr Abruf-Signal

- Achten Sie darauf, dass der Hund NIEMALS Erfolg damit hat, das feste Abruf-Signal zu ignorieren! Klappt es noch nicht zu 100 %, sollten Sie es (noch) nicht in zu schwierigen Situationen nutzen. Der Hund sollte zu Anfang außerdem immer mit der Schleppleine gesichert sein, um Misserfolge zu vermeiden.
- Rufen Sie Ihren Hund während des Spaziergangs in langweiligen Situationen immer mal wieder grundlos zu sich, belohnen Sie ihn hochwertig und geben Sie ihn wieder frei! So lernt er, dass der Abruf nicht das Ende eines wilden Spiels oder das Anleinen bedeutet. Er wird außerdem nicht jedes Mal, wenn Sie ihn rufen, Ausschau nach einem spannenden Reiz halten (»Wenn mein Mensch mich ruft, dann muss hier irgendwo was sein!«).
- Verlangen Sie beim Abrufen besser kein »Sitz«! Sie bremsen damit zum einen das freudige und schnelle Kommen Ihres Hundes aus, zum anderen belohnen Sie Ihren Hund dann am meisten fürs Sitzen und nicht für (und das ist uns ja eigentlich viel wichtiger) das Herankommen.
- Wenn Sie Ihren Hund aus einer spannenden Spiel-Situation mit einem anderen Hund herausrufen möchten, warten Sie am besten auf einen günstigen Moment! Rufen Sie nicht, wenn das Spiel in vollem Gange ist, sondern in Momenten, in denen eine kurze Spielpause entsteht! Kommt Ihr Hund, belohnen Sie ihn hochwertig und lassen ihn direkt weiterspielen! Nach einigen Wiederholungen lernt der Hund, dass er sich nur schnell bei Ihnen einen Keks abholt und dann das wilde Spiel sofort weitergehen kann – er wird jederzeit bereitwillig kommen.
- Üben Sie den Abruf aus einer statischen Situation, zum Beispiel einem »Sitz«, dann achten Sie unbedingt darauf, den Hund auch immer wieder fürs Sitzen zu loben und zu belohnen! Gestalten Sie die Übung also so, dass der Hund nie weiß, wann Sie zu ihm zurückgehen und ihn belohnen, und wann Sie ihn abrufen! Findet das Belohnen der »Sitz«-Position nicht statt und Sie rufen Ihren Hund wiederholt daraus ab, wird sich sein »Sitz« verschlechtern.
- Nutzen Sie den Abruf, bevor der Hund das bekommt, was er gerne möchte! Wenn Sie ihn zum Beispiel zum Füttern heranrufen,

dann rufen Sie Ihren Hund mit Ihrem festen Abruf-Signal! Auch wenn Sie auf dem Spaziergang bemerken, dass Ihr Hund gerne zum Spielkameraden, oder zum Beispiel ins Wasser möchte, rufen Sie ihn zuerst heran und erlauben Sie ihm dann, dorthin zu gehen, wo er möchte. Der Abruf wird so die Ankündigung einer selbstbelohnenden Handlung.

● **Trainingstipp:** Abruf üben

Ihr Hund findet Spielsachen toll? Bingo! Nehmen Sie sein Lieblingsspielzeug und rennen Sie damit weg. Kommt Ihr Hund daraufhin wie wild angedüst, rufen Sie Ihr Rückruf-Signal und pfeffern das Spielzeug in Laufrichtung des Hundes von sich weg. Ihr Abruf wird somit zur Ankündigung einer Beute/eines wilden Beutespiels mit Ihnen. ●

Die 200 €-Regel

Gerade am Anfang ist es enorm wichtig, dass wir unser festes Abruf-Signal gezielt einsetzen, damit wir eine möglichst hohe Erfolgsquote erreichen. Vielen meiner Kunden hilft die folgende Vorstellung: Jedes Mal, wenn ich meinen Hund mit meinem festen Abruf-Signal abrufe und er kommt nicht, und ich kann das Signal auch nicht durchsetzen (weil keine Schleppleine am Hund oder kein Zugriff möglich ist), werden automatisch 200 € vom Konto abgebucht. Autsch! Überlegen Sie also immer: Wie wahrscheinlich ist es, dass mein Hund jetzt gerade kommt bzw. wie kann ich mein Signal durchsetzen? Je öfter der Hund die Erfahrung macht, dass Sie rufen und er mit seiner Verweigerung durchkommt, desto schlechter ist das für Ihr Rückruf-Signal. Dieses darf sich nicht »abnutzen« (siehe latente Hemmung).

Aggression

Aggression ist nicht per se »schlecht«, sondern gehört zum normalen Verhaltensspektrum des Hundes. Sie bezeichnet jedes Maß der Angriffsbereitschaft eines Individuums. Sie dient der Selbstverteidigung, dem Schutz der Nachkommen, Verwandten sowie Partner und kommt im Wettbewerb um Ressourcen, zum individuellen Statusgewinn und für die Distanzvergrößerung zum Einsatz. Außerdem dient Aggression als soziales Regulativ: Es werden Streitereien in der Gruppe geregelt. Unterschieden wird zwischen *offensiver Aggression* (zielgerichtet zum Durchsetzen eigener Interessen) und *defensiver Aggression* (abwehrend, zum Schutz der eigenen Unversehrtheit). Jagdverhalten gehört übrigens – auch wenn ähnliche Verhaltensweisen gezeigt werden – nicht zum Funktionskreis der Aggression (siehe Jagdverhalten).

Offensive Aggression

Die offensive Aggression wird auch Angriffsdrohen genannt. Sie ist zielgerichtet auf einen Gegner und dient proaktiv der Durchsetzung eigener Interessen oder Vorhaben. Der Hund rechts im Bild möchte den Ball für sich beanspruchen, er droht offensiv dem kleineren Hund links im Bild. Seine Körpersprache verrät uns die vielen Kennzeichen einer offensiven Aggression:

Foto: ©Alexei_pm/stock.adobe.com

Der rechte Hund droht offensiv, also zur Durchsetzung seines Interesses (er möchte den Ball für sich beanspruchen).

»Nein, ich möchte nicht!« sagt dieser Hund deutlich mit seiner Kopfhaltung und Mimik.

Foto: ©Dimid/stock.adobe.com

- aufgerichtete Ohren
- Körpergewicht nach vorne
- angespannter Körper/hohe Körperspannung
- fixierender Blick
- gerunzelter Nasenrücken
- Zähne zeigen
- runde Maulspalte

Defensive Aggression

Ein defensiv aggressiver Hund bittet in der Regel um Abstand. Es ist keine eigenmotivierte Handlung, sondern eine Reaktion auf ein einwirkendes Geschehnis oder eine (vermeintliche) Bedrohung von außen. Meist gehen der defensiven Aggression einige andere Signale voraus. Das können Beschwichtigungssignale sein wie Kopf-Abwenden, Blinzeln, Wegducken und Ähnliches. Werden diese Signale ignoriert, kann es zu einer defensiven Abwehr-Aggression kommen.

Der Hund im Bild Seite 14 unten möchte nicht angefasst werden; er zeigt dies deutlich durch die folgenden Kennzeichen der defensiven Aggression:

- Körpergewicht eher nach hinten verlagert, manchmal auch geduckte Körperhaltung
- langgezogene Maulspalte
- gerunzelter Nasenrücken
- Zähne zeigen
- kleine Augen oder abgewandter Blick
- Ohren angelegt

Eskalationsstufen nach Feddersen-Petersen (1999)

Stufe 1: Drohen ohne Körperkontakt

- Distanzdrohung (Fixieren, Zähneblecken, Maul aufreißen)
- Distanzunterschreitung mit gelegentlichem Körperkontakt (gehemmte Beißerei, intentionales Beißen, Abwehrschnappen)

Stufe 2: Drohungen mit Körperkontakt

- ohne Bewegungseinschränkung (Über-die-Schnauze-Beißen, Beißen mit ausgeprägter Hemmung)
- mit Einschränkung der Bewegungsfreiheit (Queraufreiten, Über-dem-Gegner-Stehen, Herunterdrücken, Schieben, Abwehr auf dem Rücken, Abwehrstoßen)

Stufe 3: Schädigung des Gegners

- gehemmte Schädigung (Anrempeln, Vorstoßen, Anspringen, gehemmtes Abwehrbeißen)
- ungehemmte Schädigung, Ernstkampf

Wenn der Hund einen Menschen beißt

In den allermeisten Fällen handelt es sich bei solchen Vorfällen um sogenanntes »Abwehrschnappen«. Der Mensch ignoriert (oder übersieht) vorangegangene Verhaltensweisen des Hundes, die signalisieren, dass ihm das Verhalten des Menschen gerade unangenehm ist. Sieht der Hund keinen anderen Ausweg, da all seine Warnzeichen nicht wahrgenommen werden, geht er »nach vorne« und schnappt.

Da der Mensch meist sehr verschreckt darauf reagiert, lernt der Hund, dass dies eine sehr effektive Methode ist, um sich Störenfriede vom Leib zu halten. Das Verhalten kann sich schnell im Hund als gut funktionierende

Strategie verankern. Das führt dazu, dass er beim nächsten Mal, wenn er in diese Situation kommt, noch schneller mit einem »Biss« reagiert. Hier geht es meist nicht um ein Beschädigungsbeißen, dennoch können blutige Stellen die Folge sein. Ob und wie schnell der Hund mit Aggressionen reagiert, hängt von verschiedenen Faktoren ab (siehe Agonistik).

Grundsätzlich beißen Hunde häufiger aufgrund von Unsicherheiten, als Stressreaktion oder Abwehrreaktion, als sie es aufgrund von Dominanzverhalten tun.

Achten Sie also auf die Körpersprache Ihres Hundes! Was möchte er Ihnen damit gerade vermitteln? Möchte er wirklich angefasst werden oder braucht er gerade Abstand (siehe Kommunikation)?

Agility

Simone Schwanda

Smart & Swift Border Collies

Agility ist eine englische Hundesportart, die dem Springreiten nachempfunden ist und in den 1980er Jahren ihren Weg nach Deutschland fand. Ziel beim Agility ist es, den Hund möglichst schnell und fehlerfrei durch einen Parcours mit verschiedenen Hindernissen zu führen. Dabei geht es für den Hund über Hürden, Weitsprung, Mauer, Wippe, Steg und A-Wand sowie durch Tunnel, Reifen und Slalom. Die Höhe der Sprünge beträgt je nach Schulterhöhe des Hundes 30, 40, 50 oder 60 cm. Damit es Mensch und Hund nicht langweilig wird, sind die Hindernisse immer in einer anderen Reihenfolge aufgebaut. Um die Parcours erfolgreich zu absolvieren, müssen Mensch und Hund durch regelmäßiges Training zu einem perfekt eingespielten Team werden.

Foto: Susanne Rall

Grundsätzlich ist fast jeder ausgewachsene, gesunde und normalgewichtige Hund für Agility geeignet. Besonders Hunde, die Spaß an der Bewegung und der gemeinsamen Arbeit mit ihrem Menschen haben, finden in Agility ihre Leidenschaft. Lediglich Hunde, die sehr groß und schwer sind oder im Verhältnis zum Körper sehr kurze Beine haben, eignen sich aufgrund der erhöhten körperlichen Belastung für Agility eher weniger.

Vor Beginn des Agility-Trainings sollte eine tierärztliche Untersuchung des Gelenkapparats durchgeführt werden. Außerdem sollte der Hund während des Trainings ohne Leine bei seinem Menschen bleiben. Mit 8 Monaten kann der Junghund langsam an erste Basisübungen – an Ausleger und gerade Tunnel – herangeführt werden, Sprünge und Gerätearbeit wird frühestens im Alter von 12 Monaten begonnen. Dabei ist zu beachten, dass der Hund nie in eine Situation gezwungen wird und er jedes Gerät ohne Druck mit positiver Verstärkung Schritt für Schritt erlernt. Wer sich also gemeinsam mit seinem Hund sportlich betätigen und dabei mit Spaß die Bindung stärken möchte, hat mit Agility den perfekten Hundesport gefunden.

Agonistik

Dieser Begriff bezeichnet alle Verhaltensweisen, die als Reaktionen auf Konflikte oder Bedrohung gezeigt werden können. Dazu gehören deeskalierende Verhaltensweisen aber auch Aggressionsverhalten. Welches Verhalten der Hund zeigt, hängt von **Situation, genetischen Grundlagen, gemachten Lernerfahrungen und seinem Charakter** ab.

Bei Angst oder starkem Stress hat der Hund vier Möglichkeiten, zu reagieren, auch **die vier Fs** genannt:

F*ight (Angriff)*
Der Hund reagiert mit aggressivem Verhalten, eventuell übertriebenem Bellen. Möglicherweise bedroht er den Stressor und/oder versucht, ihn aktiv zu vertreiben. Vom Verbellen bis hin zum Biss ist alles möglich.

F*light (Flucht)*
Der Hund flüchtet, möchte sich verstecken, versucht, dem Stressor zu entgehen.

F*lirt (Übersprungshandlung, Spielverhalten)*
Der Hund wechselt ambivalent vom einen ins andere Verhalten, eventuell spielt er hektisch, rennt ein wenig umher oder zeigt plötzlich Verhaltensweisen aus ganz anderen Funktionskreisen (zum Beispiel Schnüffeln, Sich-Kratzen).

F*reeze (Erstarren)*
Der Hund bleibt wie angewurzelt stehen und geht keinen Schritt weiter. Je nach Intensität sind motivierende Versuche seitens des Halters nur schwer möglich oder schlagen komplett fehl. Der Hund ist »im Tunnel« und bewegt sich nicht. Manchmal kommt auch ein Zittern hinzu.

Und Ihr Hund?

Wozu neigt Ihr Hund? Nehmen Sie sich kurz Zeit und überlegen Sie, wie Ihr Hund reagiert, wenn er Stress hat oder in Konfliktsituationen gerät! Mehrere Strategien sind möglich, auch Mischverhalten tritt auf!

Alternativhandlung

»Mach das nicht, das ist falsch!« – »Aber was wäre denn dann richtig?«
Vor allem beim »Nein«-Kommando, also einem Verbot, ist es wichtig, dem Hund eine Alternativhandlung zum unerwünschten Verhalten zu geben, also ihm eine andere Verhaltensstrategie beizubringen. Hunde sind schlecht darin, sich selbst eine Alternative zu suchen und meist entspricht diese dann nicht dem, was wir uns vorstellen oder wünschen.

Geben wir nach einem Verbot keine Alternative, lassen wir den Hund oft hilflos zurück. Ein Beispiel: Kaut unser Junghund das Tischbein an, geben wir ihm ein klares »Nein« und zeigen ihm, dass das nicht erwünscht ist (siehe Strafe). Eine schöne Alternative wäre hier, dass Sie ihm stattdessen einen Kauknochen anbieten, auf dem er genüsslich sein Kaubedürfnis ausleben darf. So wird die Situation positiv aufgelöst und der Hund darf seinem Bedürfnis (dem Kauen) nachgehen. Ohne adäquate Alternative kann es passieren, dass der Hund entweder nun einen anderen unerwünschten Gegenstand ankaut (etwa die Wand, da Kauen ja gerade sein Bedürfnis ist) oder er das Verhalten mangels Alternative nicht einstellen kann.

Appetenzverhalten

Der Begriff kommt vom lateinischen Wort »appetens«, was so viel bedeutet wie »nach etwas streben«. Er wurde vor allem von den Verhaltensforschern Konrad Lorenz und Nikolaas Tinbergen geprägt und bezeichnet »das aktive Anstreben einer auslösenden Reizsituation«. Das Ziel des Appetenzverhaltens ist die Endhandlung und damit die Befriedigung eines Bedürfnisses.

Ebenso bezeichnet man mit dem Begriff ein Such- und Orientierungsverhalten des Hundes, das zum Beispiel beim Jagdverhalten auftritt. Dabei wird zwischen gerichtetem und ungerichtetem Appetenzverhalten unterschieden. Ungerichtetes Appetenzverhalten wird auch als »Suchlauf« bezeichnet. Der Hund ist motiviert zu jagen, er hat aber noch keine Spur. Verfolgt er dann eine Spur oder hat er ein Beutetier gesichtet (= Schlüsselreiz), wird das ungerichtete zum gerichteten Appetenzverhalten (was zur Auslösung weiterer Schlüsselreize führt). Sein Verhalten ist nun direkt auf den Reiz ausgerichtet – die Verfolgung beginnt. Die Wahrnehmung der Spur oder die Sichtung des Beutetiers – also das Moment zwischen ungerichteter und gerichteter Appetenz – wird als Taxis bezeichnet (siehe Jagdverhalten).

Im Idealfall gestalten wir bei sehr jagdambitionierten Hunden das Training so, dass es erst gar keinen Suchlauf auf echtes Wild gibt. Der Hund sollte während des Spaziergangs seine Aufmerksamkeit auf den Halter richten, statt sich auf die Suche nach Fährten und jagdbaren Objekten zu machen. Management, Jagdersatzspiele (wie Dummytraining), Impulskontrolltraining und den Hund lesen lernen sind hier ausschlaggebend.

Apportieren

Viele Hunde lieben das Apportieren, also das Tragen und Bringen von Gegenständen. Nicht nur die Retriever, die ursprünglich für das

Apportieren (Englisch: to retrieve) der Beute bei der Jagd gezüchtet wurden, lassen sich dafür begeistern. Das Schöne: Apportieren ist für viele Hunde selbstbelohnend. Es macht ihnen also auch ohne besondere Belohnung von uns Spaß, denn es ermöglicht dem Hund, viele Elemente der Jagdverhaltenskette auszuführen, was den Körper Glückshormone ausschütten lässt. Vorsicht beim Spiel mit dem Ball: Damit der Hund nicht zum unkontrollierbaren Ball-Junkie wird, sollten wir unbedingt Übungen zur Impulskontrolle einbauen. Das können zum Beispiel ein »Sitz« oder »Platz« sein, bevor dem Ball nachgejagt werden darf, ein Abwenden vom Ball oder auch verschiedene Suchspiele mit mehreren Bällen oder Apportiergegenständen (siehe Dummytraining, Jagdverhalten).

EIN BALL – 5 IDEEN

Dem Hund Bälle zuzuwerfen und ihn unkontrolliert hinterherrennen zu lassen, befeuert nicht nur den Jagdtrieb, sondern kann auf Dauer auch den Bewegungsapparat schädigen (kein Aufwärmen, zu kurze Distanzen mit heftigem Beschleunigen und Abbremsen). Besser: den Ball gezielt einsetzen und für Sinnvolles nutzen. Hier kommen 5 Ideen, wie Sie Bälle sinnvoll einsetzen können.

Kurze Tipps vorab: Achten Sie darauf, eine Ballgröße zu wählen, die zur Größe Ihres Hundes passt. Zu kleine Bälle sind schnell verschluckt, zu große können nur schwer aufgenommen werden. Der Stoffüberzug an regulären Tennisbällen und darin gefangene Schmutzpartikel können die Zähne schädigen, vor allem, wenn die Hunde häufig darauf herumkauen. Nutzen Sie lieber spezielle Hundebälle aus Gummi, Natur-Kautschuk oder gefilzter Schafwolle!

1 Zum Suchen

Den kleinen Ball schnell irgendwo im hohen Gras versteckt, so einfach geht Beschäftigung! Für den Aufbau dieses Suchspiels nutzen Sie einen kleinen Bereich (etwa 1 x 1 Meter) mit etwas Bewuchs. Lassen Sie Ihren Hund zusehen, während Sie den Ball dort verstecken. Machen Sie dabei die Stelle spannend und »stempeln« Sie. Das heißt, Sie drücken den Ball einige Male auf den Boden, damit viel Bodenverletzung und Geruch für den Hund entsteht. Verstecken Sie den Ball so gut, dass er nicht zu sehen ist – der Hund muss also intensive Suchleistung erbringen, um ihn zu finden. Schicken Sie Ihren Hund dann in den Bewuchs und freuen Sie sich mit ihm, wenn er den Ball gefunden hat! Hier empfehlen sich vor allem Bälle in Grün oder Orange, da diese für das Hundeauge nur sehr schlecht sichtbar sind.

2 Zum Stoppen

Eine tolle Übung, um den Hund aus voller Bewegung zum Stoppen zu bringen: Werfen Sie den Ball und initiieren Sie ein kleines Spiel. Wichtig: Geben Sie – bevor Sie den Ball werfen – dem Hund vorher immer Ihr Freigabe-Signal (etwa »Ok«). So lernt der Hund, dass er nicht ohne Erlaubnis Bewegungsreizen folgen darf. Werfen Sie den Ball also zwei- oder dreimal. Beim vierten Mal täuschen Sie den Ballwurf nur an! Ihr Hund wird losrennen und sich nach einigen Metern verdutzt zu Ihnen umdrehen. Genau dieses Verhalten fangen Sie ein, indem Sie es mit einem Ballwurf zum Hund belohnen (werfen

Sie den Ball dann am besten hinter den Hund). Klappt das gut, können Sie ihr »Stopp«-Signal in diesen Trainingsablauf integrieren.

3 Zur Impulskontrolle

Bälle eignen sich wunderbar, um ein »Sitz«-Signal zu festigen und dem Hund Impulskontrolle beizubringen. So geht's: Bringen Sie den Hund ins »Sitz«. Er sollte vorher schon gelernt haben, dass ein »Sitz« so lange gilt, bis Sie Ihr Auflöse-Signal geben (etwa »Ok«). Lassen Sie den Hund also sitzen, und bewegen Sie sich mit dem Ball um ihn herum. Einige veranlasst das schon zum Aufstehen. Versuchen Sie, den Ball abzulegen oder sanft auf den Boden fallen zu lassen. Belohnen sollten Sie den Hund dabei genau in dem Moment, in dem der Ball auf dem Boden aufkommt. Nutzen Sie gerne mehrere kleine Futterstücke, die den Hund ein wenig von dem Gedanken abbringen, gleich aufzuspringen. Je besser er es schafft, sitzenzubleiben, desto wilder können Sie die Ballwürfe um ihn herum werden lassen. Achten Sie darauf, Pausen einzulegen und erlauben Sie dem Hund auch, immer wieder kurz aufzustehen!

4 Als Belohnung

Der Ball kann eine spannende Belohnung sein, vor allem, weil Sie die Macht haben, ihn zum Leben zu erwecken. Besonders gut eignen sich Bälle mit Schnur: Mit diesen können Sie besser mit dem Hund interagieren und so schnappt er sich nicht einfach nur den Ball und rennt weg. Werfen Sie den Ball beispielsweise hinter sich, um den Hund fürs schnelle Zurückkommen zu belohnen. Klemmen Sie sich den Ball unter den Arm, wenn Sie mit Ihrem Hund Fußlaufen trainieren. Hat der Hund brav mitgemacht, folgt ein wildes Spiel mit dem Ball. Auch hier kommt wieder ein wenig die Kontrolle dazu: Achten Sie darauf, dass der Hund den Ball auf Ihr »Aus«-Kommando loslässt, danach kann das wilde Spiel sofort weitergehen!

5 Apportiertraining

Am gezieltesten können Sie mit Bällen arbeiten, indem der Hund sie auf unterschiedlichste Arten und Weisen apportieren darf. Nehmen Sie am besten zwei Bälle – das macht die Sache abwechslungsreicher und schwieriger. Werfen Sie zum Beispiel einen Ball in die Nähe eines freistehenden Baumes (so kann der Hund sich besser merken, wo er liegt)! Der Hund sollte dabei sitzen bleiben. Dann drehen Sie sich zusammen mit dem Hund um 180 Grad und werfen den anderen Ball in ein kleines Wäldchen. Lassen Sie die Bälle in der von Ihnen vorgegebenen Reihenfolge vom Hund apportieren. Leichter ist es, wenn der Hund erst den Ball apportieren darf, den er zuletzt beim Fallen beobachtet hat. Schwieriger wird es, wenn zuerst der erste Ball apportiert wird. Noch schwieriger wird es, wenn Sie erst noch ein wenig Fußarbeit verlangen, bevor Sie den Hund schicken. Seien Sie kreativ!

Ein Ball – 5 Ideen

Arbeitslinie

Viele Hunderassen haben sich im Laufe der Zeit aufgrund unterschiedlicher Schwerpunkte in der Zucht aufgeteilt: in Show- und Arbeitslinien. Hunde aus Showlinien sind oft breiter, haben voluminöseres, längeres Fell und werden vermehrt nach äußerlichen Aspekten in der Zucht selektiert. In Arbeitslinien ist das Aussehen eher zweitrangig und soll sich der Funktionalität und Arbeitsfähigkeit unterordnen: form follows function (Form folgt Funktion). Sie sollen vor allem aufmerksam, lernwillig, sportlich und schlau sein und werden gezielt für die Erfüllung bestimmter Aufgaben gezüchtet. Hunde aus Arbeitslinien sind daher eher muskulöser, manchmal auch schlanker und wendiger, aber vor allem deutlich leistungs- und auch triebstärker. Meist werden sie nur an Halter abgegeben, die auch mit ihnen arbeiten (Jagd, Rettungshundestaffel, Polizeidienst).

Assoziationslernen

Das Lernen durch Verknüpfung, also Konditionierung, wird als Assoziationslernen bezeichnet. Zwei Ereignisse, die gleichzeitig oder sehr kurz nacheinander stattfinden, werden im Gehirn des Hundes miteinander in Verbindung gebracht.

Assoziationen werden auch anderweitig geknüpft, zum Beispiel dann, wenn wir ein Wort-Signal auf ein bestimmtes Verhalten setzen. Sagen wir immer dann, wenn der Hund sich gerade schüttelt, zum Beispiel »schütteln«, wird der Hund das Verhalten mit dem Signal schnell verknüpfen können. Das passiert auch ungewollt – ein Klassiker ist das Fußlaufen. Neigt der Hund etwa dazu, dabei zu weit vorne zu laufen, und der Halter sagt immer wieder »Fuß«, um den Hund wieder in die richtige Position zu bringen, kann das dazu führen, dass genau das Gegenteil passiert. Anstatt sich zu korrigieren, verknüpft der Hund das Signal mit dem gezeigten Verhalten und denkt nun: »Aha, Fuß muss wohl heißen, dass ich vor meinem Menschen laufen soll.«

Ähnlich sehe ich es auch häufig mit dem »Aus«-Signal. Der Hund weiß noch gar nicht, was »Aus« bedeutet, während der Mensch am Zergel zieht und dabei immer wieder »Aus!« sagt. Da das Zerren am Spielzeug und das »Aus«-Signal des Menschen zeitgleich geschieht, versteht der Hund schnell, dass »Aus« wohl »feste ziehen« heißen muss (siehe Aus-Signal). Man spricht hier von einer sogenannten Fehlassoziation.

Assoziationslernen am Beispiel der Instrumentellen Konditionierung

Reiz +	Reaktion +	Verstärker
Zum Beispiel beim »Sitz«-Training:		
Leckerli vor der Nase nach oben ziehen	Popo geht auf den Boden	Hund bekommt das Leckerli

= Der Hund lernt, dass sich die gezeigte Reaktion auf den Reiz lohnt, und wird sie nun öfter zeigen.

Fehlassoziation

Man nennt sie auch Fehlverknüpfung. Dabei ist im Training oder Alltag etwas schiefgelaufen: Der Hund hat Reiz und Reaktion falsch verknüpft – oder zumindest anders, als von uns erhofft. Im Alltag entsteht eine Fehlverknüpfung oft durch unglückliche Zufälle: Der Hund sieht zum ersten Mal in seinem Leben Schafe und schnüffelt neugierig am Zaun – ZACK – leider war Strom auf dem Zaun und der Hund bekommt einen heftigen Schlag. Die Chancen sind groß, dass der Hund von nun an Schafe gruselig findet. Er hat Schafe = großer Schreck & Schmerzen verknüpft und wir können ihm nicht erklären, dass nicht die Schafe, sondern der Stromzaun daran schuld war. Da solche Erlebnisse oft sehr traumatisch sind, setzen sie sich auch sehr schnell im Langzeitgedächtnis fest. Viel Geduld und langanhaltendes Training sind nötig, um beim Hund solche Assoziationsvorgänge rückgängig zu machen (siehe auch Reizkombinationen und Überschattungen).

Aus eigener Erfahrung

Im Jagdhundetraining sehe ich häufig, dass Hunde, bei denen mit Druck oder Schmerzen am Apport gearbeitet wurde, Meideverhalten zeigen. Sie möchten nur ungerne aufnehmen oder wenden beim Präsentieren des Apportiergegenstandes den Kopf ab. Durch den Druck des anwesenden Menschen wird meist trotzdem aufgenommen, spätestens aber, wenn der Hund außer Sicht des Menschen arbeitet, lässt der Hund den Gegenstand liegen. Es besteht die Assoziation: etwas in den Fang nehmen = Schmerzen.

• **Trainingstipp:** Das Pipi-Signal

Dieses Signal ist Gold wert und funktioniert unfassbar gut, wenn wir es unserem Hund von klein auf beibringen. Es handelt sich dabei um klassisches Assoziationslernen und führt dazu, dass der Hund auf Signal seine Blase entleert. Das ist nicht nur beim Welpen, sondern auch beim erwachsenen Hund sehr praktisch! Ich nutze es vor allem vor Prüfungen, auf Reisen oder wenn es eilt.

So geht's: Jedes Mal, wenn Ihr Hund pinkelt, sagen Sie Ihr Pipi-Signal – bei uns heißt es »Pipiiiii«. Sie dürfen es dabei auch gerne mehrmals wiederholen. Oft genug so gemacht, lässt sich das Pinkeln durch unser Pinkel-Signal beim Hund erzeugen. Er hat durch Assoziation gelernt »Pipiiiii« = Blase leeren. Wichtig ist, dass wir das Signal auch immer wieder mit Bedeutung aufladen. Wir sollten also auch immer mal wieder unser Pipi-Signal dazusagen, wenn der Hund gerade pinkelt. Es hilft (wie übrigens bei allen Signalen), wenn das »Pipiiiii« möglichst immer in gleicher Stimmlage und mit derselben Betonung ausgesprochen wird – so prägt es sich beim Hund besser ein.

Mein 6-jähriger Rüde Hamlet markiert beim Gassi-Gehen normalerweise und hebt sein Beinchen. Nutze ich das Pipi-Signal, setzt er sich zum Pinkeln hin wie ein Welpe und entleert wirklich seine gesamte Blase. Er hat von klein auf gelernt, Signal und Handlung zu verknüpfen.

Übrigens lernen auch wir Menschen viel, indem wir Dinge in Zusammenhang bringen. Sie kennen das bestimmt auch: Es ertönt ein bestimmter Song und wir fühlen uns in eine Zeit zurückversetzt, in der wir diesen ganz oft gehört haben: vielleicht, weil es Sommer war und wir viel mit unseren Freunden unternommen haben, oder auch nach einer Trennung. Hören wir den Song, ist sofort das Gefühl von damals zurück, sie wurden im Gehirn untrennbar zusammen abgespeichert. ●

Auflöse-Signal

Ein kleines Wort mit großer Wirkung! Grundsätzlich ist das Auflöse-Signal dazu da, dem Hund etwas zu erlauben. Wir sagen ihm damit quasi »du darfst!«. Das kann nach dem Ableinen sein (du darfst laufen), vor dem Futternapf (du darfst fressen) oder wenn der Hundekumpel am Horizont auftaucht (du darfst spielen gehen). So gestaltet kann ein Auflöse-Signal auch das Hilfsmittel für den Hund sein, um an seinen Verstärker zu kommen: Du hast diese Aufgabe richtig toll gemacht, also darfst du jetzt schnüffeln gehen (siehe Premack-System).

Ein Auflöse-Signal ist aber auch bei Verhaltensweisen sinnvoll, die der Hund länger zeigen soll, wie zum Beispiel bei den Signalen Fuß, Platz oder Sitz. Oft scheitert das Training daran, dass wir hier den Zeitraum nicht genau definieren. Wir sagen dem Hund also beispielsweise »Sitz«, lassen ihn aber nicht wissen, wie lange er eigentlich sitzen soll. Manchmal erlauben wir ihm dann, nur kurz zu sitzen, ein anderes Mal fordern wir es wieder länger ein – verwirrend, oder? Trainiere ich ein »Sitz« in Kombination mit einem Auflöse-Signal, weiß der Hund: »Ok, ich soll immer so lange sitzen, bis mein Mensch das Auflöse-Signal gibt.«

Natürlich könnte man hier auch mit einem »Bleib« arbeiten, um dem Hund zu signalisieren, wann er bitte länger sitzen bleiben soll. Ich argumentiere dann immer: Was nützt es mir, wenn ein Hund sich zwei Sekunden hinsetzt und dann gleich wieder aufsteht? Gar nichts! Also kann ich das Sitz auch einfach gleich so aufbauen, dass der Hund direkt lernt, sitzen zu bleiben.

● **Trainingstipp:** Sitz ist Sitz

Damit der Hund das versteht, starte ich mit kurzen Einheiten, in denen ich zum Beispiel das Sitzen verlange. Ich gebe dem Hund nacheinander viele kleine Futterstücke, solange der Popo den Boden berührt. So speichert er diese Position als sehr lohnenswert ab. Dann höre ich auf, Futter zu geben, sage mein Auflöse-Signal (wie »ok«) und animiere den Hund zum Aufstehen. Wir können uns mit dem Hund freuen und etwas Quatsch machen – Futter gibt es hierfür aber nicht. Lediglich die »Sitz«-Position wird mit Futter verstärkt, denn diese möchte ich ja gerade verlängern. Stück für Stück hangeln wir uns zu einem längeren »Sitz«.

Was aber tun, wenn der Hund aufsteht, BEVOR wir unser Auflöse-Signal gegeben haben? Idealerweise brechen wir den Hund direkt ab, wenn er versucht, aufzustehen und bringen ihn (wenn nötig) zurück zu dem Punkt, an dem er gesessen hat. Dort lassen wir ihn wieder sitzen und – wichtig! – geben ihm direkt nach der Korrektur KEINE Futterbelohnung.

Was sonst passieren würde? Das Erlernen einer unerwünschten Verhaltenskette. Der Hund folgert: »Ich stehe auf, bekomme Aufmerksamkeit, werde wieder hingesetzt und bekomme einen

Keks dafür – Aufstehen lohnt sich also für mich!« Der Hund wird dadurch noch öfter aus dem Sitz aufstehen. Daher belohnen wir ausschließlich das ruhige Sitzen. Warten Sie – nachdem Sie Ihren Hund in die »Sitz«-Position zurückgebracht haben – mindestens drei Sekunden, in denen er brav gesessen hat, bevor Sie ihn wieder mit Futter belohnen. Lobende Worte dürfen dabei auch nicht fehlen, am besten in Form eines Dualen Feedbacks (siehe Duales Feedback).

Das längere Sitzen lässt sich auch toll mit dem Placeboard üben, da der Hund hier einen klaren Bereich vorgegeben bekommt, in dem er sitzen soll (siehe Placeboard).

Der Hund soll also lernen, dass er so lange sitzen (oder liegen oder bei Fuß) bleiben soll, bis wir das Signal auflösen. Erst danach darf er aufstehen und wieder den Dingen nachgehen, die er gerne möchte. Zu Beginn des Trainings muss er nur eine kurze Zeit im »Sitz« bleiben, wir loben ihn überschwänglich, solange er sitzt und lösen ihn mit einem »Ok« wieder auf. Dann verlängern wir die Dauer des Sitzens langsam. Springt der Hund auf, bevor wir das »Ok« gegeben haben, bringen wir ihn an die Stelle zurück, an der er saß, sagen erneut »Sitz« und warten drei Sekunden, bevor wir ihn für das Sitzen wieder loben. ●

Aus-Signal

Hier wird oft mit aversiven Mitteln und erhobener Stimme gearbeitet, was aber nicht im Geringsten nötig ist. Der Clou ist einzig und allein, dass der Hund versteht: »Aus« gehört zum Spiel dazu und »Aus« bedeutet nicht, dass ich meine Beute verliere – im Gegenteil! Hat der Hund das verinnerlicht, gibt er mir mit Freude jeden Gegenstand (ja, sogar Futter) ab. Ein Wegrennen mit der Beute – gar ein schnelles Herunterschlingen der unerlaubten Leckerei oder auch der in Jagdkreisen gut bekannte, sogenannte Totengräber (Beute wird versteckt und verbuddelt) – wird so verhindert. Was erwarte ich beim Aus? Auf mein »Aus«-Signal hin, soll sich – quasi wie automatisch – der Fang des Hundes öffnen.

So geht's

Um das »Aus«-Signal zu trainieren, arbeiten wir am besten mit zwei gleichwertigen Gegenständen, zum Beispiel zwei identischen Spielzeugen (idealerweise etwas, mit dem ein kleines Zerrspiel möglich ist). Wir spielen mit dem Hund ein wenig mit einem der beiden Spielzeuge. Um das Öffnen des Fangs zu erzeugen, halten wir ihm nun, während er das Spielzeug gerade im Fang hat, das andere gleichwertige Spielzeug vor die Nase. Genau in dem Moment, in dem der Hund loslässt, sagen wir »Aus« und er bekommt daraufhin sofort das andere Spielzeug, mit dem wir mit dem Hund fröhlich weiterspielen.

Wiederholen wir das so einige Male, können wir in einem nächsten Schritt testen, ob der Hund das Signal schon verstanden hat. Wir spielen dafür wieder mit einem Spielzeug. Nach einer Weile sagen wir unser »Aus«-Signal. Schafft es der Hund, das Spielzeug loszulassen, freuen wir uns wie verrückt! Er bekommt das Spielzeug sofort zurück und das wilde Spiel geht weiter. Bei sehr futtermotivierten Hunden kann – anstelle des zweiten Spielzeuges – hier auch Futter genutzt werden.

Wichtig! Es geht hier nicht um ein »Tauschgeschäft«, sondern vielmehr darum, dass der Hund lernt: »Es geht gleich weiter, ich verliere die Beute nicht und sie wird auch nicht ausgetauscht.« Bei Tauschgeschäften habe ich oft das Problem der unterschiedlichen Wertigkeiten von Beute und Futter. Tausche ich ein Spielzeug gegen Futter, bei einem Hund, dem das Spielzeug viel wichtiger ist, wird er irgendwann das Spielzeug nicht mehr gerne hergeben wollen. Ich bräuchte immer einen hochwertigeren Ersatz, was auf Dauer anstrengend (und vielleicht gar nicht mehr umsetzbar) werden könnte ...

Als jemand, der die Dummy-Arbeit mit den eigenen Hunden sehr schätzt, ist es mir wichtig, dass mein Hund mir bereitwillig alles (!) zuträgt und abgibt. Ich arbeite grundsätzlich mit dem jungen Hund so, dass er alles, was er mir zeigt und bringt, wieder zurückbekommt – zumindest 99 % davon. In der Praxis sieht das dann folgendermaßen aus:

• **Trainingstipp:** Aus-Signal

Nimmt der junge Hund – und das machen junge Hunde in der Regel ja sehr gerne – etwas vom Boden auf (einen kleinen Stock, einen Tannenzapfen etc.), locke ich ihn zu mir, nimm meine Hand an den Gegenstand, damit dieser nicht zu Boden fällt und halte ihm Futter vor die Nase, damit er den Fang öffnet. Dann bekommt er das Futter. Ich nehme den Gegenstand, den er aufgenommen hat, bewundere ihn ehrfürchtig (»Oh, das ist aber ein toller Tannenzapfen!«) und ***er bekommt den Tannenzapfen zurück!*** *Was lernt der Hund dabei? Dass er den doppelten Jackpot hat, wenn er mir Gegenstände bringt! Der Mensch freut sich wie verrückt, der Hund bekommt dafür einen Keks und er bekommt seinen Gegenstand wieder. Klasse! Manche Hunde übertreiben es daraufhin ein wenig mit dem Bringen von Gegenständen und schleppen einem ständig (auch zu Hause) freudig etwas entgegen. Das mag mancher nervig empfinden, ich nehme es aber gerne in Kauf; zum einen, weil ich bei der Jagd und Dummy-Arbeit unbedingt diese Bringfreude benötige, zum anderen, weil ich so dem Hund jederzeit alles abnehmen kann. Hat der Hund einmal einen gefährlichen Gegenstand aufgenommen (wie etwa eine kleine Schnapsflasche oder ein Feuerzeug, Welpen finden ja die wildesten Dinge), brauche ich nicht in Panik verfallen oder lange diskutieren. Er hat ja gelernt, dass er 99 % der Dinge, die er mir bringt, zurückbekommt. Da sind die 1 %, die ich behalte und im nächsten Mülleimer entsorge, kein Problem.* ●

Aversiver Reiz

Den Begriff »aversiv« können wir auch durch das Wort »abschreckend« ersetzen. Ein aversiver Reiz löst beim Hund Angst, Stress oder Panik aus und sorgt für eine negative (Gefühl) Verknüpfung. Das könnten ein Leinenruck, Wasserspritzer oder Schmerzen sein. Folgt auf eine Handlung des Hundes unmittelbar ein solcher aversiver Reiz, wird im Kopf des Hundes eine negative Verknüpfung erstellt. Dieses Verhaltensschema ist für den Hund überlebensnotwenig, was folgendes Beispiel zeigt:

Hund schnappt nach Biene

- Biene sticht Hund (aversiver Reiz)
- Hund erschrickt/hat Schmerzen
- Hund wird Bienen in Zukunft in Ruhe lassen oder Meideverhalten zeigen

Aber Vorsicht: Im Training mit aversiven Reizen können schnell Fehlverknüpfungen entstehen! Erhält der Hund etwa einen aversiven Reiz (zum Beispiel Wasserspritzer), während oder kurz nachdem Kinder an ihm vorbeilaufen, könnte er das negative Gefühl durch die Wasserspritzer mit den Kindern in Verbindung bringen und in ihrer Gegenwart in Zukunft unsicher agieren – im schlimmsten Fall auch aggressiv (siehe Strafe).

B — WIE ...

Basissignale

Hundetraining kann manchmal so einfach sein. Sitzen unsere Basissignale, können wir (in der Theorie) damit fast jede problematische Situation lösen. Dazu gehören zum Beispiel: »Sitz«, »Platz«, der Abruf, das Laufen an lockerer Leine und ein Abbruchsignal (wie »Nein«). Da das Ausführen der Signale im Widerspruch zur unerwünschten Handlung steht, hat der Hund so eine Alternative zum Fehlverhalten. Ein Beispiel: Der Hund springt einen Menschen an. Bekommt er in dieser Situation das »Sitz«-Signal, kann er das unerwünschte Verhalten (das Anspringen) nicht mehr ausführen. Ein Hund, der einen sicheren Rückruf hat, kann nicht jagen gehen und ein Hund, der gelernt hat, locker an der Leine zu laufen, kann kein Leinenpöbler sein.
Ich weiß, was Sie jetzt denken ... in a perfect world ... Natürlich ist es in der Realität nicht so einfach wie hier dargestellt. Dennoch kann manchmal auch einfach ein sicheres »Sitz« schon die Lösung für ein Problemverhalten sein. Der Hund braucht keine 100 Signale zu kennen, wenn er die essenziellen sicher ausführt. Erfolgreiches Hundetraining beinhaltet immer auch die Stärkung der Basissignale.

Welche sind Ihre Basissignale?

Überlegen Sie einmal: Welche **3 Signale** sind Ihnen im Umgang mit Ihrem Hund wirklich wichtig? Welche Signale sind für Ihren gemeinsamen Alltag essenziell? Auf diese sollten Sie im Training ganz besonderen Wert legen, sie immer wieder üben und dabei auch immer konsequent sein! Es sind schließlich die Signale, die sie immer brauchen und bei denen Sie sich auf Ihren Hund verlassen können möchten.

Meine 3 Basissignale, die bei uns immer und überall funktionieren müssen, sind »Sitz«, »Bei mir« (an meiner Seite laufen – mit und ohne Leine) und der Rückruf. Wenn diese 3 Signale wirklich sitzen, kann das Leben mit Hund schon ziemlich entspannt sein. Ich finde den Gedanken auch beruhigend, dass es nur 3 Signale sein müssen – also eigentlich doch ganz einfach, oder?

Bedürfnismodell

Der Psychologe Abraham Maslow hat das Bedürfnismodell entwickelt. Es besagt: Erst wenn lebenswichtige Grundbedürfnisse erfüllt sind, nimmt das Interesse an weniger essenziellen Dingen zu. Deshalb ist Futter (überlebenswichtige Ressource) oft wichtiger als Spielen und oft auch die wirksamste Motivation im Training.

Versuche ich hingegen, einen satten Hund zum Training zu bewegen, tue ich mich dabei schon sehr schwer. Zugegeben, der eine oder andere

Vierbeiner hat es eh nicht so mit dem Sättigungsgefühl und wird auch mit vollem Magen weiterhin Futter annehmen. Grundsätzlich ist ein hungriger Hund aber ein motivierter Hund. Hat er immer Futter zur freien Verfügung, wird er kaum das Bedürfnis haben, dafür zu arbeiten – warum auch?

Uns Menschen ist Essen sehr wichtig und die Vorstellung, unseren Hund hungern zu lassen, ein Graus. Oft schaffen wir es dadurch aber erst, eine Bereitschaft zur Zusammenarbeit beim Hund zu erzeugen. Und nein, nicht jeder Hund arbeitet sofort einfach so freudestrahlend mit uns zusammen, auch wenn er uns gerne mag. Manchmal hilft es also sehr, ein lebenswichtiges Grundbedürfnis beim Hund zu schaffen, damit er auch bei hoher Erregungslage noch dazu bereit ist, Futter anzunehmen und sich dadurch motivieren zu lassen. Für manche Hunde ist es sogar ein »Dürfen« – ich darf mir Futter erarbeiten.

Begleithundeprüfung

Bei dieser Prüfung liegen die Schwerpunkte auf der Feststellung von Verkehrssicherheit, Sozialverträglichkeit, Unbefangenheit und Gehorsam des Hundes. Sie besteht aus einem Hauptteil und einem Straßenteil. Der Hauptteil findet auf dem Hundeplatz statt. Dort geht es in erster Linie um ein korrektes Fußlaufen des Hundes mit und ohne Leine. Der Mensch absolviert mit seinem Hund eine Laufabfolge in der Freifolge (Fuß-Signal), die aus langsamem und schnellem Schritt, Absetzen aus dem Fuß, Ablegen aus dem Fuß und Abruf besteht. Auch die korrekte Fußarbeit durch eine Menschengruppe hindurch wird dabei abgefragt. Zusätzlich muss der Hund am Rand abliegen können, während ein anderes Hund-Mensch-Team die Laufabfolge absolviert.

Beim Straßenteil außerhalb des Platzes wird der Hund mit Fahrrädern, Menschenmengen, anderen Hunden und Autos konfrontiert und muss dabei gelassen bleiben. Eine Übung beinhaltet auch das Anbinden des Hundes, während der Halter außer Sicht geht. Es wird beurteilt, wie der Hund sich dabei verhält. Auch das theoretische Wissen des Menschen wird bei der Begleithundeprüfung abgefragt.

Soll ich eine Begleithundeprüfung machen?

Einige Städte und Gemeinden erlassen für Hunde mit bestandener Begleithundeprüfung einen Teil der Hundesteuer. Auch bei Versicherungen hat man mit der Prüfung oft Vorteile. Die Prüfung kann bei einem Hunde(sport)verein abgelegt werden. Als kleinste Hundesportprüfung bildet sie die Grundlage für weitere Hunde-Prüfungen im Sportbereich (Agility & Co.) oder für Ausbildungen wie die zum Schul- oder Assistenzhund. Auch im Hinblick auf den Wesenstest ist eine bestandene Begleithundeprüfung von Vorteil. Achtung: Je nach Verein ist die Prüfungsordnung ein wenig anders und fordert unterschiedliche Abläufe.

Immer wieder wird kritisiert, dass die Begleithundeprüfung eine reine »Zirkusnummer« sei. Es ginge dabei nicht um wirklichen Gehorsam der Hunde, sondern nur um die Darbietung eines lange einstudierten Ablaufes. Da ein Großteil der Prüfung auf dem Hundeplatz abgenommen wird, verfallen viele Hunde tatsächlich in eine Art Hundeplatz-Modus. Sie laufen auf dem Platz perfekt Fuß, könnten das aber im normalen Alltag nicht leisten. Es ist deshalb wichtig, die tollen Fähigkeiten, die für die Begleithundeprüfung erworben werden, auch immer wieder außerhalb des Hundeplatzes zu üben, damit der Hund sie generalisieren und überall umsetzen kann – denn nur dann ist das Einstudierte auch wirklich im Alltag hilfreich. Als gegenläufigen Trend gibt es nun immer mehr Anbieter des sogenannten »Hundeführerscheins«, dessen Prüfung alltagsorientierter ist.

Beißhemmung

Wir haben sie bestimmt alle schon einmal zu spüren bekommen: diese fiesen, spitzen, Welpenzähnchen. Hundebabys können in der Tat kleine Piranhas sein. Das Gespür für seine eigene Beißkraft muss der Welpe erst erlernen, die Beißhemmung ist NICHT angeboren. Der Hund lernt dabei, gehemmt zuzubeißen und den Druck seines Kiefers gezielt und dosiert einzusetzen.

In der sozial sensiblen Phase (ca. 4. bis 20. Woche) sollte der Hund auch die Beißhemmung lernen. Studien weisen darauf hin, dass das Erlernen der Beißhemmung bis zum 5. Lebensmonat ideal ist. Ein ungehemmt beißender Hund kann problematisch sein und schnell schwere Wunden verursachen.

Die Beißhemmung erlernt sich am besten im Sozialspiel, in der Interaktion mit Geschwistern, in der Welpenspielgruppe oder auch durch souveräne erwachsene Artgenossen. Im Spiel setzen sich Artgenossen gegenseitig Grenzen und lernen, was das eigene Verhalten beim anderen auslöst. Oft hört man dabei einen wild auffiependen Welpen, der dafür sorgt, dass das Spiel kurz unterbrochen wird (»Aua, du hast mir wehgetan!«). Danach geht es direkt fröhlich weiter. Ältere Artgenossen können auch einmal deutlicher zeigen, was sie von spitzen zuschnappenden Welpenzähnchen halten. Nach einem Rüffler ist aber (bei gut sozialisierten Hunden) in der Regel direkt alles wieder gut.

Vermehrtes »Beißen« beim jungen Hund zeigt sich oft dann, wenn er überfordert ist. Vielleicht hatten Sie zusammen einen aufregenden Tag mit vielen neuen Eindrücken und der Hund hat zuhause erst einmal »seine 5 Minuten«. Oder wir verlangen etwas vom Welpen, das gerade einfach noch zu viel ist, was ihn zu Übersprungsverhalten und übertriebenem »Beißen« bringt. Behalten Sie das immer im Hinterkopf und denken Sie daran, Ihrem Welpen immer genug Schlaf und Ruhe zu gönnen.

• **Trainingstipp:** Wenn der Welpe »beißt«

Je nach Charakter des Hundes reicht es bereits, wenn Sie unmittelbar, nachdem der Hund seine spitzen Milchzähne an uns testet, laut »AU« schreien und das Spiel beenden. Sie haben schließlich keine Lust auf einen Spielpartner, der Ihnen weh tut. Entziehen Sie dem Welpen für einen kurzen Moment Ihre komplette Aufmerksamkeit. Schafft der Welpe es, sich in diesem Moment zurückzunehmen und nicht mehr zu beißen, loben Sie ihn mit ruhigen Worten. Dann kann das Spiel gerne weitergehen. So lernt der Hund, dass mit Ihnen zu spielen nur ohne Zahneinsatz möglich ist. Manche Exemplare benötigen ein etwas deutlicheres Abbruch-Signal. Denken Sie dabei immer daran, nicht böse zu werden, sondern dem Hund klar und einfach zu vermitteln: »Ich möchte das nicht – Punkt!« (siehe Strafe). ●

Belohnung

Grundlage jeder erfolgreichen Trainingseinheit ist Motivation. Diese wird durch die richtige Belohnung verstärkt. Jeder Hund bevorzugt etwas anderes: Meist sind es Futter oder Spiel, manchmal auch ein freudiges Lobwort, eine Massage oder Sozialkontakt mit Artgenossen. Die beste Belohnung ist abwechslungsreich, unregelmäßig und unvorhersehbar: Der Hund weiß nie, ob und wann er welche Belohnung bekommt. So bleibt er in einer ständigen Motivations- und Erwartungshaltung. Wichtig beim Belohnen sind das richtige Timing und die klare Unterscheidung zwischen Belohnung und Bestechung.

10 BELOHNUNGS-FACTS

1 Belohnung/Bestechung

Wir sollten unterscheiden können, ob wir gerade unseren Liebling belohnen oder versuchen, ihn zu bestechen. Ein Beispiel verdeutlicht das gut: Rufen wir den Hund und er kommt, können wir ihn dafür belohnen, dass er das korrekte, von uns gewünschte Verhalten prompt gezeigt hat. Rufen wir ihn hingegen und er kommt nicht, was uns dazu veranlasst, mit einem Leckerli zu winken, sind wir in die Bestechungsfalle getappt. Der Vierbeiner hat die Möglichkeit, abzuwägen, ob es sich für ihn lohnt, zu uns zu kommen oder nicht.

2 Timing

Erfolgreich loben und belohnen kann nur, wer die passenden Momente dafür erwischt. Erfolgt das Lob/die Belohnung zu früh oder zu spät, kann es passieren, dass der Hund es falsch verknüpft oder sich nicht für das gelobt fühlt, was wir loben wollen. Wir müssen ganz schön schnell sein: Eine bis maximal zwei Sekunden, nachdem der Hund das gewünschte Verhalten gezeigt hat, sollten wir das würdigen. Durch Timing, Art und Menge der Belohnung können wir steuern, welches Verhalten der Hund eher zeigen wird. Loben wir ihn etwa beim Vorsitz aus Versehen häufiger, während er weiter von uns weg sitzt, wird er dieses Verhalten eher zeigen. Belohnen wir ihn dagegen nur dann, wenn er sich korrekt direkt vor uns setzt, fördern wir dieses Verhalten. Es ergibt also durchaus Sinn, im Training immer die gewünschte Ausführung am meisten zu loben.

3 Anpassungsmöglichkeiten

Uns stehen verschiedene Möglichkeiten zur Verfügung, mit denen wir unsere Hunde loben und belohnen können – und die sich je nach Bedarf und Intention anpassen lassen, etwa in Art und Weise, Dauer, Intensität, Menge und Zeitpunkt. Auch Körpersprache und Modulation der Stimme gehören bei verbal ausgedrücktem Lob dazu. Übrigens: Hält eine Futterbelohnung länger an, ist das für den Hund attraktiver, als wenn er eine größere Menge Futter bekommt.

4 Bedürfnisse

Eine passende Belohnung fällt je nach Hund und Situation anders aus. Sie sollte immer ein Bedürfnis befriedigen, das der Vierbeiner gerade hat. Eventuell ist das zum Beispiel Futter, vielleicht freut sich der Hund aber in dem Moment viel mehr über die Möglichkeit, zu schnüffeln oder im nahegelegenen Gewässer planschen zu dürfen. Angemessen belohnen können wir also dann, wenn wir unsere Lieblinge genau kennen.

5 Duales Feedback

Bei manchen Übungen kann es sinnvoll sein, dem Hund permanent Feedback zu seinem Verhalten zu geben, anstatt es am Ende einmal zu belohnen. Dieses sogenannte Duale Feedback eignet sich insbesondere dann, wenn der Hund etwa für längere Zeit in einer Position zu verharren hat. Beispiele dafür wären das »Fuß«-Signal, ein verlängertes »Sitz« und »Platz« oder wenn der Hund auf seiner Decke bleiben soll. Dabei loben wir ihn mit ruhiger, entspannter Stimme durchgehend dafür, wie er das gewünschte Verhalten zeigt. Wir vermitteln ihm so, dass er es richtig macht. Stoppt er, unterbrechen wir den Lobesschwall und es folgt ein »Nein«. (Wir vermitteln ihm: Das ist jetzt unerwünscht.) Der Hund soll sich zum Beispiel wieder setzen, woraufhin wir ihn erneut durch Duales Feedback durchgängig loben. Der Hund weiß so jederzeit, ob er gerade etwas richtig oder falsch macht.

6 Motivationsformen

Wir unterscheiden drei Arten der Motivation: Primär-, Sekundär- und Meide-Motivation. Primär-Motivation umfasst alles, was den Hund unmittelbar von selbst belohnt und was er deshalb von sich aus gerne macht. Bei einer Sekundär-Motivation macht der Hund das von uns Gewünschte zwar nicht so gerne, weiß aber, dass wir ihn dafür belohnen. Bei der Meide-Motivation setzen Hunde ein vom Menschen gewünschtes Verhalten nur um, weil sie so einer Strafe/etwas Unangenehmem entgehen. Besonders clever belohnen können wir, wenn wir die Primär-Motivation des Hundes kennen und einsetzen. Dabei handelt es sich oft um angeborene und auch von uns Menschen durch Zucht hervorgehobene Verhaltensweisen. Manche Jagdhunde tragen beispielsweise liebend gern etwas im Fang.

7 Verstärker

Widmen wir uns den positiven und negativen Verstärkern: Durch einen positiven Verstärker fügen wir dem Hund etwas Gutes zu, geben ihm also beispielsweise etwas zu fressen oder spielen mit ihm. Bei einem negativen Verstärker wiederum entziehen wir ihm etwas Unangenehmes. Das bedeutet aber, dass mit Strafen gearbeitet werden muss, damit der negative Verstärker greift. Ein Beispiel: Man drückt den Rücken des Hundes nach unten, damit er sich setzt. Sitzt er, hört das Drücken auf. Das Nachlassen der Strafe wirkt als negativer Verstärker. Wer erfolgreich mit positiver Verstärkung arbeitet, hat sich einerseits damit auseinandergesetzt, was in seinem Hund gute Emotionen auslöst; andererseits konzentriert er sich darauf, was geklappt hat, und trainiert nicht in Erwartung dessen, was schief läuft. Bleibt die Stimmung gut und macht die Arbeit Spaß, bleibt die Motivation hoch und es lernt sich besser. Übrigens können auch Strafen – die im

Gegensatz zu Verstärkern dazu führen sollen, dass ein Hund unerwünschtes Verhalten weniger oder nicht mehr zeigt – positiv sowie negativ sein (siehe Strafe).

8 Unbewusste Bestätigung

Es kann passieren, dass sich ein von uns unerwünschtes Verhalten des Hundes ritualisiert, da wir es unbewusst bestätigen. Oft sind daran falsches Timing, Aufmerksamkeit in der falschen Situation oder auch eine Maßregelung beteiligt. Ein Beispiel sind »Lockversuche« unsererseits, die der Vierbeiner als Bestätigung missversteht. Vielleicht haben Sie es ja so oder so ähnlich schon (mit) erlebt: Ihr Hund hängt an einem Mauseloch und wir versuchen mit ermunternden Worten, ihn wegzulocken. Da der Hund unsere Worte aber nicht versteht, sondern nur den Wortlaut, kann er unser Verhalten als Lob interpretieren und steckt auch in Zukunft freudig seine Schnauze in Mäuselöcher. Besser: Verhalten abbrechen und Hund für das richtige Verhalten (etwa das Herankommen) freudig motivieren.

9 Wertigkeit

Im Training spielt auch die Wertigkeit einer Belohnung eine Rolle. Denn: Manche Belohnungen betrachtet der Hund als ok, aber nicht außergewöhnlich – andere wiederum sind der absolute Jackpot, den er nur selten bekommt und über den er sich entsprechend freut. Es ergibt Sinn, das zu nutzen und unterschiedlich hochwertige Belohnungen einzusetzen. Hat der Hund eine neue, wichtige oder schwierige Aufgabe gemeistert, darf es schon eine für ihn besonders tolle Belohnung sein. Hat er etwas gemacht, das er schon gut beherrscht, darf das Lob kleiner ausfallen.

10 Überraschung

Uns steht eine Menge unterschiedlicher Varianten zur Verfügung, um unsere Hunde zu belohnen und zu loben. Nutzen können wir den sogenannten **Spielautomat-Effekt**: Der Hund weiß erstens vorab nie, ob wir ihn belohnen oder nicht. Zweitens kann er sich nicht sicher sein, welche Belohnung (die natürlich zu ihm passen sollte) es ist: ein verbales Lob? Spielen? Leckerli? Kuscheln? Das versetzt ihn in eine freudige Erwartungshaltung und reduziert Monotonie im Training. Diesen Effekt sollten wir uns allerdings nur dann zunutze machen, wenn wir mit dem Hund etwas üben, das er schon kennt.

10 Belohnungs-Facts

Beschwichtigungsverhalten

Für ein harmonisches Miteinander sind Beschwichtigungszeichen unabdingbar. Sie dienen dazu, die Lage zu entschärfen, können eine Entschuldigung sein oder werden einfach zur freundlichen Kontaktaufnahme eingesetzt. Meist sind sie sehr subtil, wie Lecken und Schmatzen, Blinzeln, Wegschauen, Wegdrehen, Stupsen, Pföteln und Ducken. Zur Beschwichtigung gehören auch die **Aktive Demut** (u. a. das Lecken der Lefzen zur Begrüßung) und die **Passive Demut** (auf den Rücken rollen, eingezogener Schwanz, abgewandter Blick, langgezogene Maulspalte). Die Passive Demut findet meist als Reaktion auf einen drohenden Artgenossen statt. Im Training beschwichtigen Hunde oft aus Stress und Überforderung. Achten Sie auf kleinste Beschwichtigungszeichen (siehe Calming Signals).

Beziehung oder Bindung

Zwischen Hund und Mensch können Bindungen und Beziehungen entstehen. Eine Bindung ist wie eine Beziehung, aber stärker. Beziehungen entstehen, wenn zwei Lebewesen (also etwa Mensch und Hund) über einen längeren Zeitraum immer wieder Kontakt zueinander haben und sich dabei vorhersehbare Verhaltensweisen entwickeln. Bindungen sind in der Regel exklusiv, wobei viele unterschiedliche Faktoren die Bindungsstärke beeinflussen. Hunde binden sich vor allem an Menschen, die ihnen (zu einer gewissen Attraktivität) Sicherheit, Vertrautheit, Nähe und Verlässlichkeit bieten. Dabei spielt das Bindungshormon Oxytocin eine große Rolle. Es wird unter anderem beim ausgiebigen Streicheln ausgeschüttet.

»Bindung ist das ‚Alpha‘ und ‚Omega‘ der Mensch-Hund-Beziehung. Dabei ist weder der Mensch das ‚Alpha‘ noch der Hund das ‚Omega‘. Ganz im Gegenteil, sie müssen gemeinsam, gleich und von beiden Seiten her diese Freundschaft aufbauen und aufrechterhalten.«

Prof. Dr. Ádám **Miklósi**

Eine sichere Bindung sorgt auch dafür, dass der Hund sich frei bewegen kann und bereit ist zu erkunden. Nur weil mein Hund immer eng bei mir bleibt, heißt es nicht, dass er sicher gebunden ist – eher das Gegenteil ist der Fall. Nur mit einer Bindungsperson, die Sicherheit gibt, traut sich der Hund auch mehr Radius zu. Und: Ein jagender Hund ist nicht automatisch unsicher gebunden! Beim Jagen läuft eine Funktionskette ab, die genetisch fixiert ist (siehe Jagdverhalten).

TRAINER BERICHTEN

Daran erkennen wir sichere Bindung

Dr. Iris Schöberl

www.beratungungtraining.at

Die fünf goldenen Leitworte der Bindung sind: Schutz, Feinfühligkeit, Sicherheit, Verlässlichkeit und Verfügbarkeit.

So können Sie eine sichere Bindung fördern
Ist der Hund in Ihrer Anwesenheit entspannt, offen gegenüber neuen Erfahrungen und erkundungsfreudig, ist das schon mal ein tolles Zeichen. Schaffen Sie es jetzt noch, ein sicherer Hafen für Ihren Hund zu sein, wenn Gefahr droht? Jackpot! Nicht immer muss sich der Hund dabei übrigens gleich schutzsuchend hinter seinem Halter verstecken. Oft kommt aber eine Kontaktaufnahme, ein hilfesuchender Blick, der zum Beispiel sagt: »Oh weh, sag mal, ist das ok, dass die beiden Hunde mich hier so bedrängen?« Es liegt am Menschen, aufmerksam und empfänglich für diese Kommunikation zu sein und den Blick nicht nur wahrzunehmen, sondern auch situationsgebunden richtig zu interpretieren. Idealerweise helfen Sie Ihrem Hund aus der unangenehmen Situation, indem Sie mit ihm weitergehen oder sich sachte zwischen Ihren Vierbeiner und die anderen Hunde stellen. Auch wenn Ihr Hund Ihre körperliche Nähe sucht, ist das ein wichtiges Element der sozialen

Bindung. Gemeinsames Kuscheln schüttet das Bindungshormon Oxytocin aus – bei Hund UND Mensch – und sorgt für eine tiefere Verbindung. Jedoch kann auch einfach nur Nebeneinanderliegen oder eine schöne gemeinsam verbrachte Zeit vollkommen ausreichen. Nicht jeder Hund kuschelt gerne und das ist ok. Bei einer sicheren Bindung orientiert sich der Hund am Halter, vor allem in Stress-Situationen. Unterstützen Sie ihren Hund dabei, sich in stressigen Situationen zu beruhigen, und helfen Sie ihm dabei, seine Emotionen zu regulieren.

So geht sichere Bindung NICHT

Wer sich für seinen Hund unberechenbar verhält, also zum Beispiel erst lieb und freundlich und dann plötzlich böse und aggressiv auftritt, lässt sich nicht gut einschätzen. Das bedeutet Stress für den Vierbeiner. Natürlich sind wir nur Menschen und können nicht 100 % feinfühlig sein – das schafft keiner! Aber ein aggressives Auftreten und die innere Einstellung: »Du machst jetzt gefälligst, was ich dir sage!«, sind definitiv nicht bindungsfördernd. Da Hunde sehr viel Bindungsbereitschaft mitbringen, entsteht meist dennoch eine Bindung zum Halter – aber eben keine sichere. Der Hund passt sich dabei an die soziale Umwelt an und macht das Beste daraus. Hunde mit unsicherer Bindung zeigen oft auch selbst ambivalentes Verhalten oder kontrollieren ihre Halter. Dabei geht es nicht um Momentaufnahmen, sondern um Verhaltensmuster, die tagtäglich auftreten. Das unsichere Bindungsmuster funktioniert – aber eben nicht ideal. Vor allem ist es nicht so hilfreich, um Stress und Emotionen zu regulieren. So zeigen unsicher gebundene Hunde generell ein schlechteres Stressmanagement.

Pia Gröning

www.pia-groening.de

Das Beziehungsthema ist sehr komplex und hängt auch von der Rasse und dem Individuum ab. Ein Hütehund hält zum Beispiel seinen Menschen besser im Blick als ein Jagdhund, bleibt näher bei ihm etc. Das sind oft Verhaltensweisen, die als Hinweis auf eine gute Beziehung genannt werden. Letztendlich ist es in dem genannten Beispiel eher Ausdruck der Genetik. Es ist immer wichtig, die Gesamtsituation zu betrachten. Es gibt aus meiner Sicht nicht den einen Hinweis auf eine gute Beziehung, der für alle Teams gilt. Für mich ist beispielsweise EIN Hinweis auf eine gute Beziehung, ob der Hund bei seiner Bezugsperson um Hilfe bittet – zum Beispiel bei ihr Schutz sucht, wenn er sich bedrängt fühlt oder auch Blickkontakt aufnimmt, wenn er etwas möchte. Aber auch das hängt davon ab, wie generell die Konfliktlösungsstrategien des Hundes sind und welche Erfahrungen er in seiner Vergangenheit gemacht hat (erlerntes Verhalten!). Da erkenne ich zum Beispiel deutliche Unterschiede bei meinen beiden Tierschutzhunden und unserem Deutsch Langhaar, der stets behütet aufgewachsen ist. Hier ist also auch der Zeitpunkt der Betrachtung wichtig: Wie lang ist der Hund bereits bei seinem Menschen? Denn auch ein Tierschutzhund kann nachträglich lernen, Schutz zu suchen – nur braucht das meist eine gewisse Eingewöhnungszeit und natürlich entsprechende Erfahrungen mit seinem neuen Menschen, dass dieser ihm zur Seite steht oder sogar schützend davor, wenn nötig. Ein anderer Hinweis auf eine gute Beziehung ist, wenn der Hund sich auf Animationsversuche seines Menschen einlässt. Wenn er zum Beispiel mit ihm spielt oder den

Fokus bei einer Übung hält, obwohl außen herum viel Ablenkung herrscht. Aber auch hier machen es einem bestimmte Rassen und Typen Hund natürlich viel leichter als andere. Hinzu kommt sehr stark die Komponente, wie gut der Mensch darin ist, Übungen zu vermitteln und ob er beim Spiel körpersprachlich geschickt ist, eine gewisse Energie aufbringt etc. In meinen Bindungs- und Kommunikationskursen (ich leite sie schon seit vielen Jahren als wöchentlichen Hundeschulkurs, als Wochenendseminar und auch online) machen wir manchmal spaßeshalber einen kleinen Test: Der Mensch spiegelt seinen Hund für drei bis fünf Minuten. Das bedeutet, der Hund entscheidet, wo er hingehen möchte. Der Mensch begleitet ihn und verhält sich genauso wie der Hund. Wenn dieser stehen bleibt, bleibt auch er stehen. Er schaut in die Richtung, in die der Hund blickt, widmet sich der Schnüffelstelle, die der Hund begutachtet, erstarrt, wenn der Hund erstarrt, und so fort. Wenn alles gut läuft, kommen so Mensch und Hund in Resonanz zueinander. Bereits hier sollte zu sehen sein, dass der Hund nicht eingeschüchtert durch das Benehmen seines Menschen ist. Nach einigen Minuten gibt es einen Rollenwechsel: Der Mensch wird nun aktiv, bestimmt den Weg, schaut sich beispielsweise Steine an, begutachtet Stühle, joggt plötzlich los usw. Was macht der Hund? Kommt er nur mit, weil eine Leine die beiden verbindet oder zeigt er Interesse am Tun seines Menschen? Wenn Letzteres zu beobachten ist, könnte das auch auf eine gute Beziehung der beiden hinweisen. Ich möchte allerdings nochmal betonen, dass je nach Typus Hund und Vorerfahrungen (zum Beispiel ein insgesamt ängstlicher Hund) dieser kleine Test auch keine wirkliche Aussagekraft hat. Letztlich macht eine gute Beziehung aus, dass Mensch und Hund sich miteinander wohlfühlen, einander verstehen (Thema Körpersprache) und sich gegenseitig vertrauen. Ich kann mich ja mal selbst überprüfen, wie oft ich beispielsweise mit meinem Hund meckere und mich über ihn ärgere. Täglich? Sogar mehrfach täglich oder gar bei jedem Spaziergang oder anderen gemeinsamen Unternehmungen? Dann gibt es Optimierungsbedarf. Das Tolle ist, wenn ich als Mensch mein Verhalten ändere, dann steht einer guten Beziehung zum Hund nichts im Wege!

Ariane Ullrich

www.mensch-hund-lernen.de

Bindung ist ein Begriff, der oft inflationär gebraucht wird. Alles wird daran festgemacht und wenn etwas nicht funktioniert, dann wird es auf eine schlechte Bindung geschoben. Oft genug wird einem Hundehaltenden hingeworfen, er müsse nur an der Bindung arbeiten und dann wäre alles ok. Was das aber genau ist und wie man daran arbeitet, sagt einem keiner. Ganz allgemein beschreibt Bindung die emotionale Abhängigkeit von jemandem. Diese kann verschiedene positive und auch negative Qualitäten besitzen.

Mittlerweile gibt es viele Studien, vor allem in der Eltern-Kind-Forschung, die das untersuchen und diverse Bindungsarten erforscht haben. Neben der sicheren Bindung wird ebenfalls der unsicher-vermeidende Typ definiert sowie der unsicher-ambivalente und der desorganisierte

Bindungstyp. Getestet wurde mittels Cortisol-Messungen in Stresssituationen bei Kindern mit Fremden in einem Raum. Auch in der Hundeforschung wurden sogenannte »Strange Situation Tests« durchgeführt, die das Verhalten des Hundes in Gegenwart seiner Bezugsperson mit dem in Gegenwart eines Fremden verglichen.
Vor allem Ádám Miklósi und seine Forschungsgruppe sind federführend, wenn es um Bindungsforschung beim Mensch-Hund-Team geht. Dessen Forschungen zeigen, dass sich Bindung auch bei Hunden am ehesten in Stresssituationen erkennen lässt. Eine sichere positive Bindung zeigt sich am deutlichsten darin, dass der Hund in für ihn unklaren oder sogar unsicheren Situationen Schutz bei seinem Menschen sucht und mit diesem interagiert. Daneben lässt es sich an ganz individuellen Verhaltensweisen ablesen.

Pauschal kann man wohl sagen, dass Hund und Mensch sich in einer positiven Bindung im Alltag sicher miteinander fühlen. Es sind oftmals individuelle Kleinigkeiten, an denen man die Qualität der Bindung erkennt. Halten Hund und Mensch im Alltag Kontakt zueinander, ohne aneinander zu kleben? Halten sie sich gern in der Nähe des anderen auf, ohne sich ständig zu verfolgen? Können Hund und Mensch ein freudiges gemeinsames Spiel auf Augenhöhe initiieren, bei dem gegenseitiges Belauern und Jagen sich abwechseln können und welches auch entspannt wieder beendet werden kann? Ist der Hund selbst entspannt in der Gegenwart seines Menschen ohne ständig deeskalierende Verhaltensweisen zu zeigen? Kann der Hund mit dem Menschen als sichere Basis seine Umwelt erkunden?
Es geht also vordergründig um das Gefühl von Sicherheit und Geborgenheit in Gegenwart des anderen. Um das zu erreichen, braucht es Respekt und Akzeptanz des Gegenübers und all seiner Bedürfnisse sowie eine klare, faire und vorausschauende Kommunikation. Als Mensch erreicht man das am ehesten, indem man lernt, die Körpersprache seines Hundes zu verstehen, die Bedürfnisse des Lebewesens Hund und der speziellen Rasse zu kennen und auf die Emotionen seines Hundes adäquat eingehen zu können. Das heißt wiederum nicht, dass man sein Leben dem Hund opfern muss. Zu einer sicheren Bindung gehören auch der menschliche Bindungspartner und seine Bedürfnisse. Es gilt die Balance zu halten zwischen den sich manchmal widersprechenden Interessen und Kompromisse zu finden, die das Zusammenleben für alle Beteiligten positiv gestalten.

Kristina Räder

www.hundepraxis.com

Den meisten Einfluss auf eine tolle Bindung haben wir im Welpenalter. Gehen Sie hier am besten schon bewusst an die Auswahl eines Züchters heran. Die Welpen sollten beim Züchter mit im Haus und in der Familie aufwachsen. Haben Sie die Möglichkeit, die Elterntiere kennenzulernen, achten Sie genau darauf, wie diese auf Sie reagieren. Die erwachsenen Hunde machen einen gelassenen, zufriedenen und selbstsicheren Eindruck? Das ist ein absoluter Pluspunkt. Nichts ist so wertvoll wie unbändiges Urvertrauen, das ein Hund mitbringen kann, wenn er in seinen ersten Lebenswochen behütet und in einer stressarmen Umgebung aufgewachsen ist. Nehmen Sie sich die Zeit, den Welpen schon vor der Abgabe einige Male zu besuchen. So können Sie sich langsam an die neue Herausforderung herantasten und der Welpe lernt auch Sie ein bisschen kennen. Vor allem über Ihren Geruch sammelt der Hundenachwuchs wichtige Infos, die er später beim Einzug wieder abrufen kann. Ist der Tag gekommen und das kleine Fellknäuel endlich bei Ihnen zu Hause, so ist es verständlich, dass Freunde und Familie unbedingt den Neuankömmling bestaunen möchten. ABER: Ersparen Sie sich und dem Welpen in der ersten Zeit bitte unnötigen Stress. Ihr neuer Mitbewohner muss nun mit vielen unbekannten Eindrücken umgehen lernen. Der wichtigste Part dabei ist, dass er lernt, dass Sie für ihn da sind. Sie geben Sicherheit und das Gefühl von Zugehörigkeit. Ersparen Sie sich also den Trubel, auch wenn es schwerfällt. Verbringen Sie viel Zeit mit Ihrem Welpen. Achten Sie darauf, auch körperliche Nähe und Berührungen nicht zu kurz kommen zu lassen. Körperkontakt hat viele verschiedene Wirkungen, die sich auch messbar nachweisen lassen. Beim Streicheln und Kuscheln wird zum Beispiel vermehrt das sogenannte Beziehungs- und Bindungshormon Oxytocin ausgeschüttet. Es stärkt das Gefühl der Zusammengehörigkeit. Kennt Ihr Welpe sich gut bei Ihnen und in der neuen Umgebung aus, kann es an die ersten kleinen Abenteuer gehen. Suchen Sie sich für die ersten Entdeckungstouren Orte, an denen nicht zu viel los ist. Solange Sie beide sich noch ein wenig aufeinander eingrooven müssen, sollten Sie möglichst wenig durch andere Hunde, zu viele Jogger oder Radfahrer gestört werden. Achten Sie auf Ihren Hund und die Umgebung und versuchen Sie, eventuell schwierige Situationen bereits im Vorhinein zu erkennen. Vieles kann den Welpen überraschen und auch einschüchtern. Gehen Sie gerne auch durch etwas abwechslungsreiches Gelände und toben Sie zusammen. Das macht Freude, stärkt das Selbstbewusstsein, reizt die Sinne und spannende Erlebnisse schweißen zusammen. Wertvoll ist auch ein gutes Verständnis der Ausdrucksweise Ihres Hundes. Können Sie ihn sicher lesen, wird es Ihnen deutlich leichter fallen, Situationen gut einzuschätzen und diese für Sie beide sicher zu meistern. Ein gutes Leittier – welches Sie ja werden möchten – behält schließlich stets den Überblick und legt Souveränität auch in stressigen Situationen vor.

Trainer berichten

Bringen

Tragen ist ein Teilbereich des Beutefangverhaltens des Hundes; es ist evolutionsbiologisch wichtig und deshalb auch selbstbelohnend – das hat die Natur zur Überlebenssicherung so eingerichtet. Viele Hunde tragen gerne Stöcke, Bälle oder Spielsachen durch die Gegend. Diese »Beute« zum Menschen zu bringen, ist dagegen für die meisten Hunde unlogisch. Der Hund muss erst lernen, dass er einen Vorteil hat, wenn er uns Sachen bringt. Das könnte zum Beispiel ein wildes Zerrspiel sein, das immer beim Menschen stattfindet – der Mensch hat die Macht, das Spielzeug »zum Leben zu erwecken«. Am schnellsten lernt der futtermotivierte Hund das Bring-Signal mit einem Futterdummy. Dabei kommt er nur mit unserer Hilfe an das im Dummy gebunkerte Futter (siehe Apportieren/ Dummytraining).

Calming Signals

… werden auch Beschwichtigungssignale oder Stopp-Signale (nach Ádám Miklósi) genannt. Sie dienen der eigenen Beruhigung, sowie der Beschwichtigung des Gegenübers. Als eigene Lebensversicherung verhindern oder unterbrechen sie Aggression, Stress und Angst. Sie schaffen Vertrauen, Sicherheit und Verständnis. Oft sind sie der Wunsch nach mehr Raum und der Unterbrechung einer Handlung des Gegenübers. Zu den Calming Signals gehören unter anderem: schnüffeln, über die Nase lecken, pföteln, sich schütteln, Kopf abwenden, einen Bogen laufen oder gähnen.

Chaining

Zu Deutsch: verketten. Es ist möglich, dem Hund eine Verkettung verschiedener Verhaltenssequenzen beizubringen. Dazu nutzt man das sogenannte Chaining. Der Hund lernt dabei Schritt für Schritt einzelne Sequenzen, die dann zu einer Handlungskette zusammengefügt werden. Der Vorteil: Wir splitten das Training in einzelne Sequenzen und machen es so für den Hund leichter und besser verständlich.

Beispiel Handlungskette Apportieren

1. Handlung: Hund bleibt sitzen, während ich einen Gegenstand werfe
2. Handlung: Hund läuft zum Gegenstand
3. Handlung: Hund nimmt Gegenstand in den Fang
4. Handlung: Hund dreht mit Gegenstand im Fang um und kommt zurück
5. Handlung: Hund gibt Gegenstand ab
6. Handlung: Hund kommt wieder zu mir ins »Fuß«

Es gibt Forward Chaining – dabei lernt der Hund eine Handlung nach der anderen – und Backward Chaining, bei dem die Handlungskette rückwärts aufgebaut wird. Welche Form gewählt wird, hängt vom Hund und der Art der Handlungskette ab.

Beim Apportieren empfiehlt sich zum Beispiel das **Backward Chaining**. Wir beginnen also mit der letzten logischen Handlung, die Verhaltenskette aufzubauen: in dem Fall das Aufnehmen und Abgeben des Apportiergegenstandes. Der große Vorteil ist hier, dass der Hund von Anfang an lernt, dass das Apportel zum Menschen gehört. Die Wahrscheinlichkeit, dass er mit dem Gegenstand abhaut, ist deutlich geringer. Bevor wir also die Beute weiter weg platzieren, lernt der Hund erst einmal, dass Beute-Teilen sich gut anfühlt und ihm einen Vorteil bringt. Er lernt das Aufnehmen eines Gegenstandes und das unproblematische Abgeben. Schritt für Schritt platzieren wir die Beute weiter weg und bauen die Verhaltensweisen »zum Gegenstand laufen«, »umdrehen« und »zurückkommen« mit dazu. Schritt für Schritt lernt es sich leichter als alles auf einmal.

Chemische Kommunikation

Hunde kommunizieren grundsätzlich auf vier Arten: optisch, also durch Ausdrucksverhalten und Körpersprache, akustisch, also durch

Foto: ©Paolo Cremonesi/stock.adobe.com

Chemische Kommunikation funktioniert auch indirekt, über die Weitergabe von Informationen beim Markieren.

verschiedene Lautäußerungen, taktil – durch Berührungen – und chemisch, das bedeutet über Geruchsstoffe. Die chemische Kommunikation findet durch den Austausch von Duftstoffen und Pheromonen statt. Pheromone werden vom Vomeronasalorgan – auch Jakobsches Organ genannt – im oberen Gaumen des Hundes aufgenommen und sorgen zum Beispiel für sexuelle Erregung.

Es gibt **direkte und indirekte chemische Kommunikation**. Die direkte chemische Kommunikation ist die Weitergabe von Düften durch Körperkontakt und Reiben an Rudelmitgliedern. Die indirekte chemische Kommunikation hingegen findet über Markieren und Scharren statt. Allein anhand von Kot und Urin kann ein Hund viele Informationen über den anderen Hund sammeln, der hier unterwegs war.

Clickertraining

Der Clicker ist ein sehr beliebtes und effektives Trainingshilfsmittel, nicht nur im Hunde- sondern generell im Tiertraining. Er erzeugt einfach ein kurzes Click-Geräusch. Das ist zunächst für den Hund noch völlig unbedeutend. Lässt man jedoch auf jeden Click einen Keks folgen, wird das Geräusch positiv belegt und zum Markersignal. Es lässt sich dann also per Click genau der Moment »markieren«, in dem der Hund etwas richtig macht. Da der Hund weiß, dass ein Keks folgt, freut er sich bereits über den Click – der Clicker ist ein sekundärer positiver Verstärker, der primäre Verstärker ist der darauffolgende Keks. Statt des Clickers lässt sich auch ein Markerwort nutzen (zum Beispiel »Jipp« oder »Yes«).

»Der ‚Click' ist wie der Auslöser eines Fotoapparates, mit dem Sie den Moment des zu belohnenden Verhaltens einfangen möchten. Auf dem Foto möchten Sie dann eben das Verhalten sehen, das Sie auch verstärken wollen.«

Philippa **Williams**

Der Clicker

- klingt immer gleich
- ist im Gegensatz zu unserer Stimme weitestgehend frei von Emotionen
- sticht im Alltag klar heraus
- ermöglicht eine punktgenaue Belohnung
- muss dabei sein, um genutzt werden zu können
- ist ggf. im Handling etwas schwierig

Das Markerwort

- habe ich immer dabei
- ermöglicht freie Hände
- klingt nicht immer zu 100 % gleich
- ist nicht frei von Emotionen (etwa wenn ich einmal schlechte Laune habe)

Gerne wird der Clicker zum Freien Formen genutzt. Dabei soll der Hund verschiedene Verhaltensweisen anbieten und wird per Click für eine richtige Idee belohnt. Das gewährleistet einen straffreien Aufbau des Trainings und sorgt für eine enorm hohe Kreativität sowie kognitive Auslastung des Hundes.

Der Clicker – ein beliebtes und effektives Trainingswerkzeug.

Foto: Lena Schwarz

Lernen Hunde mit dem Clicker schneller?
Eine Studie, die genau das untersuchen wollte, kam zu dem Ergebnis, dass es keinen Unterschied macht, ob dem Hund etwas mithilfe eines Clickers, eines Markerwortes oder nur mittels Futter beigebracht wird. Drei Gruppen mit je 30 Hunden brachten dabei in einem Versuch ihren Hunden Sitz und Bleib bei. Am erfolgreichsten war die Trainingsgruppe, die das Futter direkt gab, es folgte die Clicker-Gruppe. Am Ende fand sich – ohne signifikanten Unterschied – die Gruppe ein, die mit einem Markerwort trainierte. Was die Studie nicht berücksichtigt: die Individualität jedes Mensch-Hund-Teams und auch unterschiedliche Trainings-Aufgaben. Der Clicker eignet sich sicher nicht für jede Aufgabe und nicht jedem liegt die Arbeit mit dem Clicker, dennoch kann er eine sehr sinnvolle Trainingshilfe darstellen.

Referenz: Gilchrist RJ, Gunter LM, Anderson SF, Wynne CDL. 2021. The click is not the trick: the efficacy of clickers and other reinforcement methods in training naïve dogs to perform new tasks.

UND ES HAT ‚CLICK' GEMACHT

Bevor Sie gleich aktiv werden, ein klein wenig Theorie vorneweg: Der Clicker ist eine Art Knackfrosch und produziert auf Knopfdruck ein klickendes Geräusch. Der »Click« fällt als Überbegriff unter die Markersignale. Was kann das alles sein? Ein Markersignal ist irgendein Signal, das meinem Hund zu verstehen gibt, dass er gerade etwas richtiggemacht hat und gleich eine Belohnung folgt. Es kann sich dabei um ein akustisches Signal handeln – wie eben ein »Click« oder ein bestimmtes, vorzugsweise kurzes, Wort wie »Jipp« – oder sogar ein optisches Signal (zum Beispiel Daumen nach oben, wird gerne bei tauben Hunden genutzt). Wichtig zu wissen ist, dass das Markersignal nicht automatisch eine Wirkung auf den Hund hat. Wir müssen ihm erst beibringen, dass es eine Belohnung ankündigt – es vorab also klassisch konditionieren –, um es im Training verwenden zu können. Der Click ist ein besonders wirkungsvolles Markersignal, da er sich deutlich von anderen Alltags-Geräuschen abgrenzt und dadurch klar hervorsticht. Das Click-Geräusch ist unabhängig von unserer (auch mal schlechten) Laune, die sich zwangsläufig in unserer Stimmlage widerspiegeln würde. Darüber hinaus klingt es einfach immer zu 100 Prozent gleich, weshalb es sich wunderbar im Hundehirn verknüpfen lässt. Schnell kann der Hund verstehen, dass der Click eine Brücke zur Belohnung darstellt. Der Vierbeiner lernt: »Hui, jedes Mal wenn's clickt, bekomme ich danach etwas Tolles.«

Ein Markersignal aufbauen

Am leichtesten können Sie den Clicker mithilfe von Futter aufbauen. Legen Sie dazu einige gut sichtbare Futterstücke mit ein wenig Abstand zueinander auf den Boden und erlauben Sie Ihrem Hund, sie zu nehmen. Clicken Sie jedes Mal, wenn Ihr Hund ein Futterstück aufnimmt. Wiederholen Sie dies bei jedem der Futterstücke, bis Ihr Hund den Ablauf Click = Futter abspeichern konnte. Hat alles geklappt, hat Ihr Hund den Clicker als positiv abgespeichert. Daraus resultieren zwei Dinge: Zum einen löst der Click bei Ihrem Hund ein positives Gefühl aus, zum anderen ist er in freudiger Erwartungshaltung eines Verstärkers (z.B. Futter).

Clicker ja oder nein?

Wir sind definitiv Team Clicker, da dieses Hilfsmittel manche Lernprozesse für Hund (und auch Halter!) sehr erleichtert und beschleunigt. Wir können damit punktgenau den Moment einfangen, den wir als belohnenswert empfinden, und sind damit um einiges schneller, als wir es allein mit unserer Kekshand wären. Vor allem beim »Freien Formen« (nächster Abschnitt) erreichen wir beim Hund eine hohe kognitive Auslastung (also einen Hund, der viel denken muss und danach sehr müde ist). Nachteil: Wir müssen das Ding dabeihaben.

Freies Formen

Sie brauchen dazu: einen Clicker, einen Hund und viele kleine Leckerlis. Setzen Sie sich zu Ihrem Hund auf den Boden und schaffen Sie dabei die immer gleiche Atmosphäre. Diese soll Ihrem Hund signalisieren, dass jetzt sein Typ verlangt ist. Wenn Ihr Hund das Freie Formen noch nicht kennt, markern Sie zu Anfang jede Handlung, die Ihr Hund Ihnen zeigt, mit einem Click und einem darauffolgenden Leckerli. Es ist erst einmal egal, was er tut, denn er soll zunächst nur verstehen, dass er Ihnen etwas anbieten soll, um sich ein paar Leckerlis zu verdienen. Klappt das, können Sie sich überlegen, welche Handlung Sie von Ihrem Hund gerne sehen möchten. Ein Sitz? Ein Platz? Eine Rolle? Clicken Sie dann nur noch die Verhaltensweisen, die in die Richtung des von Ihnen gewünschten Verhaltens gehen. Sie können auch einen Gegenstand ins Spiel bringen. Ist Ihr Ziel zum Beispiel, dass Ihr Hund diesen apportiert, so clicken Sie zunächst jegliche Annäherung an den Gegenstand. Nicht vergessen, die Abfolge ist immer: Click - Keks. Ändern Sie dann das Click-Kriterium, um Ihrem Ziel näher zu kommen. Clicken Sie also erst wieder, wenn Ihr Hund auf die Idee kommt, den Gegenstand ins Maul zu nehmen. Das geht soweit, bis Sie Ihr Zielverhalten haben. Beachten Sie, dass das über mehrere Sessions gehen kann.

Click für Blick

Darf's erst einmal etwas einfacher sein? Gar kein Problem! Das »Click-für-Blick«-Spiel ist super einfach und sorgt schnell für mehr Aufmerksamkeit Ihres Hundes, auch im Alltag. Leckerlis sollten Sie natürlich parat haben, achten Sie aber darauf, dass Sie Ihren Hund damit nicht locken. Warten Sie, bis er von selbst (vielleicht auch einfach kurz zufällig) Blickkontakt zu Ihnen aufnimmt. Clicken Sie in genau dem Moment, in dem Ihre Blicke sich treffen, und belohnen Sie Ihren Hund. Er wird schnell merken, dass es sich lohnt, Sie immer mal anzuschauen und Ihnen Aufmerksamkeit zu schenken. Das Tolle: Wir helfen kaum nach! Der Hund muss selbst darauf kommen, welche Handlung ihm den lohnenswerten Click beschert. Das strengt die grauen Zellen an und sorgt meist für sehr nachhaltiges Lernen.

Silent Walk

Ein ähnliches Prinzip nutzen wir beim nächsten Click-Vergnügen. Waren Sie schon einmal mit Ihrem Hund spazieren und haben dabei kein einziges Wort gesagt? Genau darum geht es beim sogenannten »Silent Walk«. Statt unseren Hund mit Signalen zu überschütten und ihn ständig ab- oder in unsere Richtung zu rufen, sind wir still. Das einzig hörbare Geräusch sollte der Click des Clickers sein, den Sie immer dann einsetzen, wenn der Hund den Kontakt zu Ihnen sucht. Kommt er also in Ihre Richtung: Click – Keks! Schaut er Sie an: Click – Keks! Wartet er mit Ihnen gemeinsam ab: Click - Keks! Auch gemeinsame Interaktionen sind erlaubt, solange Sie stumm bleiben. So können Sie etwa auf einen Baumstumpf zeigen. Lässt der Hund sich darauf ein und hüpft hinauf? Click - Keks! Gehen Sie dazu am besten in eine ruhige Umgebung ohne viel Ablenkung. Natürlich ist der Silent Walk auch an einer (Schlepp-) Leine möglich.

Target clickern

Die folgende Variante ist übrigens auch für Katzen eine tolle Beschäftigungsmöglichkeit: Bringen Sie Ihrem Vierbeiner bei, einen Gegenstand – ein Target – zu berühren. Target-Sticks gibt es im Tierfachhandel. Sie sehen aus wie lange Stäbe, mit einer weißen Kugel am Ende. Im Grunde eignet sich aber alles Mögliche als Target – sogar Ihre Handfläche. Auch hier wollen wir via Click wieder richtiges Verhalten einfangen. Präsentieren Sie Ihrem Hund zunächst die offene Handfläche (oder eben den Target-Stick). Berührt er diese mit der Schnauze, clicken Sie und geben dem Hund ein Leckerli. Clicken Sie in genau der Sekunde, in der die Hundeschnauze Ihre Hand berührt. Hat der Hund verstanden, dass er Ihre Hand berühren soll, können Sie dem Verhalten ein Signal hinzufügen, zum Beispiel »Target«. Klappt das zuverlässig und Ihr Hund berührt auf das Signal hin immer ihre ausgebreitete Handfläche, können Sie das Target-Signal als Hilfe nutzen, um andere Verhaltensweisen aufzubauen – etwa wenn es darum geht, ein Verbeugen zu üben oder mit der Schnauze einen Lichtschalter zu betätigen.

Entfernung & Dauer

Als äußerst praktisch hat sich der Clicker auch erwiesen, um eine Belohnung auf Entfernung auszusprechen. So lassen sich beispielsweise ein »Sitz« auf Entfernung oder ein Voranlaufen punktgenau durch einen Click belohnen und es ist nicht schlimm, wenn das Leckerli dafür erst einige Sekunden später folgt. Auch für Verhaltensweisen, die länger andauern sollen, wie zum Beispiel das Halten eines Gegenstandes, können Sie toll den Clicker nutzen. Setzen Sie das Click-Signal dabei einfach immer später ein. Bis zum Clicken soll der Hund den Gegenstand festhalten.

Fußlaufen mit Click

Ihr Hund geht beim Fußlaufen immer zu weit von Ihnen weg und befindet sich zu weit vorne oder hinten? Der Clicker ist eine tolle Möglichkeit, immer nur die perfekte Fuß-Position via Click zu verstärken. Der Hund lernt dadurch, dass sich eben nur diese perfekte Position für ihn auch lohnt. Vorteil: Mit dem Clicker haben Sie ein schnelles Timing und sind für den Hund sehr eindeutig. Soll Ihr »Fuß« noch perfekter werden, können Sie sogar die Berührung des Hunde-Rumpfes an Ihrem Bein clickern. So läuft Ihr Hund bald perfekt neben Ihnen – alles dank des Clicks.

Deckakt

Ist eine Hündin läufig und befindet sich in der Standhitze, kann ein Deckakt stattfinden. In dieser Zeit sucht die Hündin aktiv nach deckwilligen Rüden, fordert sie auf und legt bereitwillig ihre Rute zur Seite.

Haben Rüde und Hündin sich vereint, folgt das sogenannte Hängen. Die Eichel des Rüden schwillt während des Deckaktes an und verkeilt sich in der Scheide der Hündin. Durchschnittlich dauert es 15 bis 20 Minuten, bis die beiden sich wieder voneinander lösen. Das Hängen soll die Chancen einer Befruchtung erhöhen. Man darf die beiden dabei auf keinen Fall trennen, da dies zu schweren Verletzungen führen kann.

Übrigens: Eine Hündin kann einen Wurf Welpen von unterschiedlichen Vätern gebären. Spannend, oder?

Deckentraining

Beim sogenannten Deckentraining lernt der Hund auf seiner Decke zu bleiben – egal was passiert – und die Decke erst zu verlassen, wenn wir es ihm durch unser Freigabe-Signal erlauben. Beherrscht der Hund das Deckentraining immer und überall in Perfektion, haben wir den großen Vorteil, dass wir ihn problemlos überall mit hinnehmen können, vom Ansitz bis hin zum Restaurant oder auch zum Kinderspielplatz.

• **Trainingstipp:** In 5 Schritten zum perfekten Decken-Signal

1 Wie soll das Verhalten aussehen?

Definieren Sie für sich, wie das Verhalten des Hundes auf der Decke aussehen soll. Soll er sich hinlegen? Ist es Ihnen egal, was der Hund auf der Decke macht, Hauptsache er bleibt drauf? Sie entscheiden! Wichtig ist nur, dass diese Regel dann auch immer so gilt und wir es nicht einmal so und einmal so haben möchten. Meine Regel beim Deckentraining ist zum Beispiel, dass der Hund mit irgendeinem Körperteil noch auf der Decke sein soll (Barney liegt einfach lieber auf dem Boden). Wie und in welcher Position, ist mir dabei völlig egal. Er darf aufstehen, sich umdrehen, sich hinsetzen – Hauptsache er bleibt am Ort der Decke.

2 Das Training beginnt

Nehmen Sie einige Futterstücke sowie die Decke und starten Sie in einer ablenkungsfreien Umgebung, zum Beispiel bei Ihnen zu Hause oder im Garten. Werfen Sie einige Futterstücke auf die Decke – Ihr Hund wird sie sich holen. Werfen Sie dann einige Stücke nach, damit Ihr Hund auf der Decke bleibt. Hat er alle Stücke gefressen, geben Sie Ihr Freigabe-Signal, bevor der Hund von selbst die Decke verlässt. Wiederholen Sie den Ablauf, bis Sie das Verhalten (auf die Decke gehen) sicher erzeugen können. Jetzt können Sie bereits Ihr Signal einführen (etwa »Decke«). Die Reihenfolge: »Decke« –> Keks auf die Decke werfen –> Freigabe-Signal, oder: Hund »Sitz« geben –> Keks auf der Decke platzieren –> »Decke« –> Freigabe-Signal.

3 Verhalten verlängern

Damit der Hund nun auch länger auf der Decke bleibt, werfen Sie immer wieder mal Futterstücke nach. Verlängern Sie langsam die Einheiten. Verlässt der Hund ohne vorheriges Freigabe-Signal die Decke, bringen Sie ihn wortlos auf die Decke zurück und geben erst einmal ca. drei Sekunden keine weitere Futterbelohnung (damit wir nicht die Korrektur belohnen). Erst dann dürfen die Kekse wieder fliegen. Je schneller Sie das Verlassen der Decke bemerken und verhindern können, desto schneller wird Ihr Hund verstehen, was von ihm verlangt wird. Steigern Sie die Zeitspannen, in denen der Hund auf der Decke bleiben soll, in unregelmäßigen und undurchschaubaren Abständen (mal länger, dann wieder kürzer, wieder etwas länger).

4 Verhalten generalisieren

Nehmen Sie die Decke mit zu verschiedenen Locations. Starten Sie mit langweiligen Umgebungen. Es hilft auch, wenn Ihr Hund davor schon viel Bewegung und geistige Auslastung hatte, denn je müder er ist, desto leichter fällt es ihm, ruhig auf der Decke zu bleiben. Versuchen Sie sich auch einmal von der Decke zu entfernen und werfen Sie dem Hund immer wieder einen Keks zu. Auch hilfreich können hier Kauknochen oder Futterspielsachen sein, mit denen Ihr Hund sich auf der Decke etwas länger beschäftigen kann.

5 Ablenkungen steigern

Gehen Sie mit Ihrem Hund und der Decke nun auch in spannendere Umgebungen. Steigern Sie gerne noch einmal die Belohnungsrate (häufiger Leckerlis geben), damit ihm dieser nächste Schritt nicht so schwerfällt. ●

Am Gegenstand bleiben

Statt der Decke können Sie alternativ Ihrem Hund auch beibringen, dass er an einem Gegenstand – egal welchem – verweilt. Hier können Sie zu Anfang zusätzlich einen etwas schwereren Gegenstand (zum Beispiel einen Rucksack) und eine Leine am Hund nutzen. Platzieren Sie den Gegenstand auf der Leine des Hundes. Sie können außerdem tricksen, indem Sie im Rucksack etwas Leckeres platzieren (ein Leckerli-Beutel oder -Päckchen), aus dem Sie den Hund immer wieder füttern, wenn er brav am Rucksack bleibt. Klappt das gut, können Sie den Gegenstand variieren und auch hier das Verhalten generalisieren und Ablenkungen steigern.

Demutsgesicht

Der Hund zeigt das Demutsgesicht bei Unterwerfung und Beschwichtigung. Die Mundwinkel sind dabei sehr langgezogen, der Kopf ist geduckt, die Ohren sind angelegt, der Blick geht nach unten oder zur Seite. Manche Hunde lecken sich dabei über die Nase, pföteln oder winseln. Der Ausdruck soll signalisieren: »Ich respektiere dich«, »Es tut mir Leid« oder auch »Bitte geh weg und gib mir Abstand«. Viele Hunde zeigen das Demutsgesicht außerdem zur Begrüßung von Artgenossen oder ihrer Menschen. Auch das für Dalmatiner typische **Submissive Grin** – ein hündisches Grinsen mit Zähnezeigen – lässt sich als Demutsgesicht bezeichnen. Es wird ebenfalls oft bei der Begrüßung von geliebten Menschen eingesetzt.

Lach doch mal!

Vor allem bei Dalmatinern hat man die Fähigkeit zu grinsen beobachtet. Was ein wenig aussieht wie eine Drohgebärde, ist der Versuch des Hundes, das Lächeln des Menschen zu imitieren. Die renommierte Verhaltensbiologin Dr. Dorit Feddersen-Petersen untersucht seit Jahren das hündische Grinsen. Dabei hebt der Hund mehrmals hintereinander die Oberlippe und zeigt Schneide- und Eckzähne. Der restliche Körper ist entspannt, er wedelt freundlich mit dem Schwanz. Besonders bei der Begrüßung von geliebten Menschen wird das Grinsen gezeigt. Unter Artgenossen wird es nicht verwendet.

Desensibilisierung

... ist die langsame Annäherung an einen Reiz. Das Ergebnis einer Desensibilisierung ist eine Habituation, also eine Gewöhnung. Löst ein bestimmter Reiz bei einem Hund eine Reaktion aus und wir möchten diese mindern oder möchten, dass sie verschwindet, nutzen wir dazu eine Desensibilisierung. Meist geht es hierbei um Angstverhalten des Hundes, das therapiert wird. Vorsichtiges Vorgehen sowie Ausdauer und Geduld des Besitzers sind hier gefragt. Im Training wird bei einer Desensibilisierung der Reiz so weit verkleinert, dass er beim Hund keine Reaktion mehr auslöst.

Ein Beispiel, das häufiger bei Hunden aus dem Tierschutz auftaucht: Der Hund hat Angst vor Autos. Es lohnt sich, zunächst einmal zu überlegen, welche Reize so ein Auto von sich gibt. Da haben wir zunächst die Lautstärke, dann den geruchlichen Aspekt und auch die visuelle Komponente eines vorbeirasenden Autos. Wir sollten all diese Elemente in unserem Training berücksichtigen.
Am einfachsten können wir mit der akustischen Komponente des Autos starten – dazu lassen sich gut Videoaufnahmen (via YouTube) nutzen, die Verkehrslärm wiedergeben. Wir starten in einer sehr leisen Lautstärke und steigern sie nur langsam – immer so, dass der Hund kein Angstverhalten zeigt und »nicht auslöst«. Ist das für den Hund soweit in Ordnung, können wir uns einmal mit viel (!!!) Abstand an eine Straße trauen, die Autos noch in weiter Ferne. Eine schrittweise Annäherung, viele Wiederholungen – auch an unterschiedlichen Locations – sind nötig. Der Hund sollte im Training niemals wieder in seinen Panik-Zustand verfallen. Passiert es doch, gehen wir sofort einige Trainings-Schritte zurück. Die Desensibilisierung ist abgeschlossen, wenn der Hund auf vorbeifahrende Autos nicht oder kaum mehr reagiert.

In der Regel geht eine Desensibilisierung Hand in Hand mit einer Gegenkonditionierung (siehe Gegenkonditionierung). Weitere typische Einsatzgebiete sind die Schussempfindlichkeit oder auch weniger spektakuläre Dinge, wie die Gewöhnung an Fellpflege o. Ä., was ich ebenfalls sehr kleinschrittig beginne.

Dirigismus

Im Hundetraining bezeichnet Dirigismus die vom Halter ausgehende Kontrolle des Hundes. Darf der Hund alles machen, was er möchte, ist der Dirigismus des Halters sehr niedrig. Hat der Hund hingegen kaum freien Handlungsspielraum und bekommt durchweg Anweisungen, spricht man von sehr hohem Dirigismus. Jeder Hundehalter sollte ein gesundes Maß an Dirigismus ausüben, das gibt dem Hund Sicherheit und Führung. Reizt der Hund seine Grenzen zu sehr aus, empfiehlt es sich, den Dirigismus zu erhöhen. Der Hund darf dann weniger eigene Entscheidungen treffen und bekommt mehr klare Vorgaben. Bei manchen Rassen und/oder Charakteren ist grundsätzlich ein höherer Dirigismus notwendig als bei anderen.

Diskriminierung

Hier geht es um das genaue Herausfiltern des richtigen Signals. Der Hund muss – auch bei ähnlichen Signalen – unterscheiden und alles für ihn im Alltag Wichtige herausfiltern können. Oft macht sich das bemerkbar, wenn der Hund die Pfeife nur als Rückruf-Signal kennt, man dann aber weitere Pfeifsingale einübt (zum Beispiel Suchen-Pfiff oder Stop-Pfiff). Der Hund hat zu Anfang Schwierigkeiten dabei, die unterschiedlichen Pfeif-Signale auseinanderzuhalten, kennt er doch den Pfiff immer nur, wenn er auch kommen soll. Mit voranschreitendem Training lernt er, die Pfiffe zu diskriminieren.

● **Trainingstipp:** Richtiges Signal?

So testen Sie die Diskriminierungsfähigkeit Ihres Hundes: Nutzen Sie dafür zum Beispiel Ihr Freigabe-Signal und stellen Sie Ihren Hund auf die Probe. Gehen Sie mit ihm auf eine Gassirunde, lassen Sie ihn sitzen und leinen Sie ihn ab. Er weiß, dass er auf Ihr Freigabe-Signal losflitzen darf … jetzt sind wir aber ein wenig fies. Wir möchten, dass der Hund uns ganz genau zuhört! Wir nehmen einmal an Ihr Freigabe-Signal lautet »Lauf«. Nun sagen Sie Ihrem Hund lauter Worte, die ähnlich klingen: »schnauf«, »knauf«, »sauf« … der Kreativität sind keine Grenzen gesetzt. Losflitzen darf er aber nur auf das korrekte Signal: »Lauf!«. ●

Domestikation

Die Domestikation, auch »Haustierwerdung« genannt, bezeichnet die schrittweise Entwicklung des Wolfes zum heutigen Haushund. Bei diesem sehr langsamen Prozess änderte sich über viele Jahrtausende hinweg die genetische Grundlage der Tiere. Die Gemeinschaft zwischen Mensch und Hund begann bereits in der Mittelsteinzeit. Es gibt mehrere Theorien darüber, wie die Annäherung von Mensch und Wolf zustande kam. Ging es um gemeinsames Jagen? Wurde der zutrauliche Wolf zur leichten Beute und diente als Nahrungsreserve für die Menschen? Schätzten die Menschen den Wolf als Alarmanlage, Wächter, Wärmekissen oder Transportmittel? Oder zogen sie vereinsamte Wolfswelpen auf, einfach weil sie diese süß fanden? Vielleicht wuchsen Wolfswelpen und Babys gemeinsam auf und der zahme Wolf beschützte später die Kinder? Wie es genau war, werden wir wohl nie erfahren.

Sicher ist, dass Mensch und Wolf sehr gut zusammenpassen. Wölfe wie Menschen leben in einer sozialen Hierarchie, spielen auf hohem Niveau (Mimikspiele, Rollentausch), zeigen im Spiel Sinn für faires Verhalten und haben ausgeprägte kommunikative Fähigkeiten. Sie harmonieren sogar besser mit uns als es Affen tun, von denen uns ja einige genetisch sehr nahe sind.

»Selbst nach Jahrhunderten züchterischer Auswahl würde es wohl schwierig, wenn nicht unmöglich sein, einen Schimpansen zu züchten, der mit Menschen zusammenleben und auch nur annähernd so ein gutes Verhältnis haben könnte wie unsere Hunde. Affen sind keine Rudeltiere, sondern Individualisten.«

Jane **Goodall**

Drohen

Das Drohen kündigt Aggressionsbereitschaft an. Ein großer Unterschied besteht jedoch zwischen **offensivem** und **defensivem** Drohen. Während offensives Drohen eine zielgerichtete Aggression ist, um die eigenen Interessen durchzusetzen, ist defensives Drohen ein Abwehrdrohen. Die Unterschiede in der Körpersprache sind deutlich zu erkennen (siehe Kommunikation).

Offensivdrohen: rundes Maul, Ohren nach vorne gelegt, Nasenrücken gekräuselt, vordere Zähne gebleckt, aufgestelltes Nackenfell, Schwanz waagerecht nach hinten oder leicht nach oben, Kopf nach vorn, Blick starrend

Defensivdrohen: langes schmales Maul, Ohren nach hinten angelegt, Nasenrücken gekräuselt, Zähne bis in den Backenbereich gebleckt, Schwanz nach unten, geduckte Haltung, Blick seitwärts

Duales Feedback

Mit dualem Feedback geben wir dem Hund beim Training eine permanente Rückmeldung, ob er sich gerade richtig oder falsch verhält. Das ist vor allem bei Übungen sinnvoll, bei denen der Hund länger in einer Position verharren muss oder durchgehend ein bestimmtes Verhalten zeigen soll, wie zum Beispiel bei einem Sitz oder beim Fußlaufen.

Durch dauerhafte ruhige stimmliche Anwesenheit (feeeein, guuuuut, braaaaaav machst du das, suuuuper), die wie eine Lobeswelle ununterbrochen anhält, geben wir dem Hund Sicherheit, dass er gerade alles richtig macht und alles gut ist. Das sorgt dafür, dass er mit seinem richtigen Verhalten weitermacht und Korrekturen eher weniger nötig sind als ohne Duales Feedback. Wir unterstützen den Hund also dabei, das Richtige zu tun. Steht er beim »Sitz« doch auf oder rutscht er beim Fuß ein wenig zu weit nach vorne, können wir unseren Lobesschwall unterbrechen. Der Hund merkt sofort den Unterschied und weiß so jederzeit, ob das, was er macht, gerade richtig ist.

Dummytraining

Hierbei handelt es sich um eine Hundesportart, die auf der Arbeit nach dem Schuss bei Niederwildjagden basiert. Es geht um das schnelle Hereinbringen des erlegten Wildes – im Falle des Dummytrainings handelt es sich um Dummys, die der Hund sucht und apportiert. Das sind mit Kunststoffgranulat oder Sägespänen gefüllte Stoffsäckchen. Mit diesen Dummys werden

Foto: Lena Schwarz

Situationen aus dem Jagdgebrauch nachgestellt. Unter anderem gibt es die folgenden Teilbereiche:

Markierung
Ein Dummy wird ihn hohem Bogen geworfen oder von einem Gerät (Launcher) in die Luft geschleudert. Der Hund hat eine gut sichtbare Falllinie und soll sich gut einprägen, wo der Dummy im Gelände gelandet ist. Auf Signal des Halters hin soll er zielstrebig zum Fallbereich laufen und dort anhaltend suchen.

Freiverlorensuche
Hier sind einige Dummys in einem Geländebereich mit meist viel Bewuchs versteckt. Der Hund soll den Bereich systematisch absuchen und einen Dummy nach dem anderen apportieren.

Einweisen
Hier zeigen wir dem Hund mithilfe von Pfiffen und Handzeichen den Weg zum Dummy. Alles beginnt damit, dass wir ihn geradeaus schicken. Dann können wir ihn stoppen und nach links, rechts oder hinten einweisen. Ist der Hund im Bereich des Dummys angekommen, folgt der Suchenpfiff, der dem Hund signalisiert, dass er an dieser Stelle suchen muss um den Dummy zu finden.

6 GUTE GRÜNDE,

um mit Dummytraining zu starten!

1 Teamwork makes the dream work

Wir gehen mit unseren Hunden gemeinsam auf Beutefang. Nur wenn beide zusammenarbeiten, klappt das auch mit dem Beutemachen. Der Hund lernt dabei, dass Frauchen oder Herrchen immer weiß, wo die Beute liegt. Vertrauen in die Anweisungen des Zweibeiners führt schnell zum Ziel. Dieses Verständnis sorgt für ein besseres Miteinander und mehr Kooperationsbereitschaft im Alltag.

2 Die perfekte Kombi aus Action & Ruhe

In der Dummyarbeit haben wir die Situation, dass der Hund zum einen sehr viel Action hat, aber zum anderen auch Ruhe zeigen und sehr gut kontrollierbar bleiben muss. Er darf im Vollspeed rennen, springen, seine Nase gebrauchen (die für ihn das wichtigste Sinnesorgan darstellt) und insgesamt richtig ackern. Im nächsten Moment muss er warten, sitzenbleiben und entspannen. Dafür ist hohe Impulskontrolle und Stresstoleranz nötig – wir sprechen hier auch von der sogenannten Steadiness.

3 Grundgehorsam und Kooperation werden verbessert

Darüber hinaus haben wir beim Dummy sehr viele Elemente des Grundgehorsams mit dabei. Gerade im Aufbau des Trainings lernen Hunde sicheres Fußlaufen, Stoppen, Sitzenbleiben und vielen Reizen zu widerstehen, wie etwa fliegenden Dummys und anderen Hunden, die arbeiten dürfen.

4 Happy dog, happy human!

Durch die kontrollierte und artgerechte Auslastung schaffe ich mir zufriedene Hunde. Mit der Dummyarbeit darf der Hund in einem gesetzten Rahmen ganz viele Elemente des Beutefangverhaltens ausleben. Es geht also um kontrollierte Jagdsequenzen. Diese Sequenzen sind selbstbelohnend und schütten einen Hormoncocktail aus, der den Hund auf Wolke 7 bringt.

5 Ventil für jagdlich motivierte Hunde

Dummytraining kann (!) für viele jagdlich motivierte Hunde eine tolle Ersatzbefriedigung sein. Zum einen trägt natürlich das wiederholte Trainieren der Selbstkontrolle des Hundes – auch bei starken anwesenden Reizen – dazu bei, dass er sich auch beim Treffen auf Wild besser im Griff hat. Zum anderen lässt sich Jagdverhalten ja nicht abtrainieren, aber (je nach Alter, Motivation und bereits gemachter Erfahrungen des Hundes) oft gut auf Dummys umlenken. Somit sucht der Hund dann mit all seinen Kräften nicht mehr Hasi, sondern Dummy.

5 Just me, my dog(s) and I

Ein weiterer Pluspunkt dieser Arbeit ist, dass ich nicht unbedingt Helfer oder Geräte für das Training benötige. Vieles kann ich alleine auf dem Spaziergang machen. Eine einfache Wiese hier, ein bisschen Bewuchs oder ein langer gerader Weg da – überall lassen sich Möglichkeiten finden. Die intensive Beschäftigung mit dem Hund ist ein großer Hebel für den Ausbau einer tiefen und klaren Verbindung.

6 gute Gründe

E — WIE …

Eigenmotivation
vs. Fremdmotivation

Motivation lässt sich beschreiben als eine (innere) Bereitschaft, ein Verhalten oder eine Tätigkeit auszuführen. Dabei wird zwischen Eigen- und Fremdmotivation unterschieden. Hunde haben grundsätzlich Interesse an der Umwelt, sind neugierig und wollen alles erkunden. Diese Erkundungsbereitschaft ist angeboren und entspringt einer Eigenmotivation. Auch Elemente aus dem Jagd- oder Sexualverhalten sind **intrinsisch motiviert**, werden also aus eigenem Antrieb heraus gezeigt. Bei der Fremdmotivation wird dem Hund von außen ein Anreiz gegeben, um eine gewisse Handlung auszuführen; dazu gehören das Locken mit Futter, aber auch das Erzwingen eines bestimmten Verhaltens.

Einzelhund

Anders als bei vielen anderen Tierarten, ist es für den Hund kein Problem, als einzelnes Tier gehalten zu werden. Im Gegenteil: Manche

Hunde sind richtige Egomanen und möchten keinen weiteren Hund im Haushalt, gegen den sie um Frauchens und/oder Herrchens Aufmerksamkeit buhlen müssten. Hunde sind zwar sehr soziale Tiere, brauchen aber nicht unbedingt dauerhaft Artgenossen um sich herum. Hunde sehen uns Menschen tatsächlich als vollwertige Sozialpartner. Der regelmäßige Kontakt zu Spielkumpels auf der Hundewiese oder beim Gassi-Gehen ist jedoch trotzdem sehr wichtig!

Einzeltraining
vs. Gruppentraining

Beides hat seine Vor- und Nachteile, die bei einer Entscheidung berücksichtigt werden sollten. Besonders ängstliche Hunde, aggressive Hunde oder Hunde, die sich schnell ablenken lassen, sind im Gruppentraining oft überfordert und benötigen anfangs Einzeltraining. Auch beim Einstieg in eine neue Hundesportart bietet sich eine Einzelstunde vorab an. Die Vorteile: Die Trainerin kann sich voll und ganz auf den Hund konzentrieren und sieht Kleinigkeiten, die in einer Gruppe vielleicht untergehen würden. Schnell frustrierten oder sehr hibbeligen Hunden bietet sich im Einzeltraining ebenso ein optimales Trainingsumfeld – sie müssen nicht lange warten bis sie dran sind und lenken darüber hinaus andere Kursteilnehmer nicht ab. Einzelne Trainingsschritte lassen sich genau auf den Hund abstimmen. Wenn er Anzeichen von Stress zeigt, kann die Arbeit unterbrochen werden. Das Beste am Einzeltraining: Es bleibt mehr Zeit zum Reden. Persönliche Fragen, eine genaue Erklärung der Theorie und individuelle Ansätze können ganz in Ruhe besprochen werden. Ziel des Einzeltrainings ist meist eine schrittweise Gewöhnung an das Training mit mehreren Hunden.

Emotionale Entwicklung

Zum Heranwachsen des jungen Hundes gehört neben der physischen und geistigen auch die emotionale Entwicklung. Hunde sind sehr empfänglich für Emotionalität, was sich auch darin zeigt, dass sie Stimmungen aufnehmen können. Für die Entwicklung der Emotionalität ist das Sozialspiel mit Menschen sowie Artgenossen ein sehr wichtiger Faktor. Werden Welpen daran gehindert, (miteinander) zu spielen, kann das verzögerte oder unterbrochene Entwicklungsprozesse des Gehirns zur Folge haben. Unter anderem leidet die Selbstkontrolle daran, da sie nicht richtig ausreift.

Energiebedarf

Der Energiebedarf eines Hundes ist individuell. Er hängt von Alter, Rasse, Kastration, Aktivität, Jahreszeit, Erkrankungen, Unverträglichkeiten und vielen weiteren Faktoren ab. Der Energiebedarf wächst nicht proportional zum Körpergewicht – eine Dogge frisst nicht zehnmal so viel wie ein Chihuahua – sondern steigt proportional zur Körperoberfläche. Das ist das sogenannte Stoffwechselgewicht, das auch zur individuellen Futterberechnung genutzt wird.

»Hunde haben im Gegensatz zu Menschen und der Katze kein Sättigungsgefühl durch die Magendehnung. Das heißt, der Magen

ist voll und voller und es geht immer noch was rein. Das hat den Ursprung, dass der Vorfahre des Hundes – der Wolf – ja nicht immer Beute macht. Wenn er dann mal was hat, wäre es blöd von der Natur, wenn sie einen Riegel davorschieben würde, wenn das halbe Reh noch übrig ist. Der Magen des Hundes erlaubt eine große Dehnung bis hinter den Rippenbogen und er bekommt vom Magen kein Stopp-Signal. Katzen haben das nicht – sie fressen Nager und haben so viele kleine Mahlzeiten über den Tag verteilt. Die Magendehnung ist aber nur die halbe Miete. Der Körper vermittelt dem Hund auch über Hormone, wann er aufhören sollte zu essen. Wird diese Grenze aber immer wieder überschritten, sind die Rezeptoren irgendwann ausgelutscht und dann funktioniert das nicht mehr. Das Ergebnis: Der Hund weiß nicht mehr, wann er satt ist.«

Ernährungsmedizinerin Dr. Julia **Fritz**
(Quelle: Podcast WAUFgeschnappt)

Entspannungssignal

Kristina Ziemer-Falke

www.ziemer-falke.de

Im Hundetraining können wir uns gezielter Techniken und Hilfsmittel bedienen, um unserem Partner Hund zur Entspannung zu verhelfen. Dabei müssen wir jedoch bedenken, dass wir keine pauschale Lösung für alle Hunde anbieten können. Jedes Mensch-Hund-Team ist individuell zu betrachten und der jeweilige Kontext mit einzubeziehen. Faktoren wie Alter, Rasse, Auslastung, Trainingsstand, Erfahrung, Beziehung zum Haltenden, Rollenverteilung und mehr gehören zu einer vorausgehenden Anamnese und gemeinsamen Zielfindung dazu. Gern möchte ich Ihnen eine von vielen guten Übungen vorstellen, nämlich das Entspannen »auf Signal« zu setzen. Diese ist gerade für Hunde hilfreich, die schlecht zur Ruhe kommen können oder in einer bestimmten Situation gestresst reagieren. Für ängstliche und unsichere Hunde bietet sich diese Technik ebenfalls sehr gut an. Wichtig ist allerdings, dass der Hund Berührungen als angenehm empfindet. Sorgen Sie zunächst für eine reizarme Umgebung! Legen Sie Handy, Tablet oder andere ablenkungsstarke Reize beiseite. Bei vielen Teams bietet es sich an, solche Übungen auf die Abendstunden zu legen. Nutzen Sie einfach den Moment, der für Sie am besten passt. Gesellen Sie sich zu Ihrem Hund und nehmen Sie eine bequeme Position ein. Starten Sie, Ihren Hund langsam zu massieren. Das Kraultempo darf nicht zu schnell sein, andernfalls könnten Sie Ihren Hund eher dazu motivieren, aktiv zu werden, als dass Sie ihn in die Entspannung führen. Achten Sie darauf, Ihre Hände nicht vom Hundekörper zu lösen. Jede Unterbrechung könnte für einen Moment der Anspannung sorgen. Versuchen Sie, Ihre eigene Stimmung wahrzunehmen. Ist sie ruhig oder angespannt? Können Sie sich auf diese Übung selbst einlassen? Die Stimmungsübertragung spielt gerade hierbei eine sehr wichtige Rolle. Beschäftigen Sie beispielsweise viele Gedanken, merkt Ihr Hund, dass Sie nicht ganz bei der Sache sind, zumindest nicht bei ihm. Sobald Ihr Hund tiefenentspannt ist, können Sie ein Signal für diese Übung einführen. So kann Ihr Hund eine Verknüpfung zwischen Ihrem Signal und dem emotionalen Zustand der Entspannung herstellen. Wenn Sie diese Übung regelmäßig und konsequent ausführen, können Sie auch später mit diesem Signal Ihren Hund in eine entspannte Stimmung versetzen und zur Ruhe kommen lassen – ganz egal, ob zu Hause, in einem Restaurant, bei Freunden oder woanders. Ich empfehle Ihnen, sowohl die Reize als auch das Umfeld langsam und kleinschrittig zu steigern. Weitere Techniken können beispielsweise das Einführen oder Verändern von Ritualen sein. Bei unsicheren oder aufgedrehten Hunden kann ein festes Ritual für Sicherheit und somit für Entspannung sorgen. Ein Kong oder andere Schleck- und Kaumöglichkeiten für Hunde können ebenfalls bei der Stressbewältigung helfen. Meist verwenden wir mehr als nur eine Technik im Training. Die Kombination vieler macht es möglich, ein individuelles und effektives Training für Mensch und Hund zu gestalten.

Entspannungssignal

Entwicklungsphasen

Bis zum erwachsenen Hund durchlaufen Welpe und Junghund verschiedene Entwicklungsphasen.

Pränatale Phase

Die **Pränatale Phase** heißt auch vorgeburtliche Phase und bezeichnet die Entwicklung des Welpen im Mutterleib. Bereits dort werden die Weichen für das Leben des Hundes gestellt. Hat die Mutterhündin zum Beispiel besonders viel Stress, wird das Stresshormon bereits an die Welpen übertragen. Sie sind später schneller nervös und weniger stressresistent. Auch die Maskulinisierung findet bereits in der pränatalen Phase statt. Besteht der Wurf aus viele Rüden und nur einer Hündin, bekommt diese mehr männliche Hormone ab und zeigt später auch vermehrt »männliche« Verhaltensweisen. Dazu kann beispielsweise gehören, dass sie wie Rüden das Bein hebt.

Neonatale Phase

Die **Neonatale Phase** ist die zweite Entwicklungsphase des Hundes, sie dauert vom 1. bis 14. Tag nach der Geburt. Die Welpen fressen und schlafen. Sie finden ihre Mutter, indem sie fiepen und suchpendeln. Nach der Geburt sind die Hunde noch **blind**, ihre **Ohren sind geschlossen** und der Geruchssinn ist kaum entwickelt. Die Welpen können ihre Körpertemperatur noch nicht selbst regulieren und **brauchen viel Wärme**. Sie können noch nicht selbst Kot und Urin absetzen – die Mutter leckt ihnen den Bauch, um die Verdauung anzuregen und schleckt die Ausscheidungen weg. Man nennt die Neonatale Phase auch die **Phase der inneren Zuwendung** (nach Dr. Dorit Feddersen-Petersen). Da die Sinne sich erst langsam ausprägen, ist der Welpe noch maßgeblich mit sich selbst beschäftigt. **Kontaktliegen** mit Wurfgeschwistern und der Mutter ist bereits zu beobachten.

Der Welpe ist in der Neonatalen Phase zwar hauptsächlich mit Schlafen und Trinken beschäftigt, dennoch ist es wichtig, dass der Züchter in dieser Zeit mehrmals täglich in Kontakt mit ihm tritt. Er sollte den Welpen halten, auf den Schoß nehmen und streicheln. Dieses sogenannte Handling wirkt sich positiv auf die Sozialisation an den Menschen aus. Der Hund gewöhnt sich automatisch an Geruch und Geräusche des Menschen. Außerdem sollte der Welpe ab sofort regelmäßig gewogen werden, um die Gewichtszunahme im Auge behalten zu können. Es sollte sichergestellt werden, dass alle Welpen genug zu trinken bekommen und die Mutterhündin – gerade wenn es ihr erster Wurf ist – nicht überfordert und sie möglichst wenig Stress ausgesetzt ist.

Übergangsphase

Die **Übergangsphase** dauert vom 14. bis zum 21. Tag. Augen und Ohren öffnen sich, die Orientierung nach außen beginnt, Schlafphasen werden kürzer. In dieser Zeit wenden sich die Welpen langsam der Außenwelt zu. Sie wird auch Transitive Phase oder die »Zeit des Erwachens der ersten Umweltreaktionen« genannt (nach Feddersen-Petersen). Das audiovisuelle System gewinnt von Tag zu Tag an Kapazität. Die Bewegungen werden gezielter, die Koordination verbessert sich. Die ersten Milchzähne brechen durch, der Hund kann seine Körpertemperatur nun selbst regulieren und endlich auch ohne Hilfe der Mutter Kot und Urin absetzen. In der Übergangsphase beginnen die Welpen, mit der Mutterhündin und ihren Geschwistern zu interagieren. Erste Spielversuche starten und langsam wagen sich die Kleinen auch aus der Wurfkiste.

Langsam werden die Welpen aktiv und wollen beschäftigt werden. Erstes Spielzeug wie Bälle, Stofftiere, Beißringe und Rasseln werden in die Wurfkiste gelegt. Dann werden die Welpen mit Alltagsgeräuschen wie Staubsauger, Waschmaschine, Fernseher, Föhn etc. vertraut gemacht. In der dritten Woche lernen die Welpen – unter Einhaltung gewisser Hygienemaßnahmen – erste Besucher kennen. Sie werden von ihnen hochgehoben, gestreichelt und gebürstet. Gegen Ende der dritten Woche kann mit der Zufütterung begonnen werden. Beliebt ist rohes Rindfleisch, das von Hand gefüttert wird.

Sozial Sensible Phase

Die **Sozial Sensible Phase** geht von der 4. bis zur 13. (maximal 20.) Lebenswoche. Sie gilt als wichtigste Zeit des Hundes und wird auch »Prägephase« genannt. Genau genommen findet aber keine Prägung statt (wie zum Beispiel bei Gänsen, die unumkehrbar auf ihre Mutter geprägt werden), sondern vielmehr ein sehr intensives Lernen. Erfahrungen, die der Hund in dieser Zeit macht, sind nur sehr schwer reversibel, sie sollten also so gut wie möglich sein. Habituation und Sozialisierung sind hier sehr wichtig.

Habituation ist die Gewöhnung an die unbelebte Umwelt: an verschiedene Untergründe, Gerüche, Geräusche, Gegenstände.

Sozialisierung ist die Gewöhnung an die belebte Umwelt: Artgenossen verschiedener Rassen, andere Tiere, Menschen, Kinder.

Der Höhepunkt der Sozial Sensiblen Phase ist die 6. Woche. In dieser Zeit nimmt der Hund Außenreize am intensivsten auf. Versäumnisse können nur schwer nachgeholt werden. Da der Welpe frühestens mit 8 Wochen abgegeben wird, verdeutlicht dies noch einmal die enorme Verantwortung, die dem Züchter zukommt.

Der Züchter sollte dafür sorgen, dass die Welpen in dieser Zeit möglichst viel kennen lernen.

Das erste Mal in den Garten, Auto fahren, Gewöhnung an Fellpflege, sowie an verschiedene Geräusche im Haus und draußen. Die Welpen sollten Kinder kennen lernen, alte Menschen, Menschen mit Bart, und so weiter. So lernen sie die unterschiedlichen Erscheinungsbilder und die verschiedenen Bewegungsarten zu deuten. Auch gut sozialisierte Artgenossen helfen den Welpen zu lernen, wie man kommuniziert, was hochgezogene Lefzen (Drohen) und eine Vorderkörpertiefstellung (Spiel) bedeuten und wie man sich untereinander benimmt (kein Schubsen oder Beißen). Auch die Beißhemmung lernen die Welpen im Spiel mit Artgenossen.

Juvenile Phase

Die **Juvenile Phase** beginnt meist nach Vollendung des 3. Monats. Die Geschlechtsreife tritt langsam ein, es finden Umspeicherungsprozesse im Gehirn statt und der Halter wird vom Hund auf die Probe gestellt.

Adulte Phase

Sie beginnt in etwa zwischen dem 7. und 12. Monat. Der Hund fängt nun an, psychisch auszureifen und seine gemachten Lebenserfahrungen richtig einzusortieren. Sein Charakter bildet sich weiter aus. Einige Rassen brauchen länger, um vollends ausgereift zu sein.

Erblehre

Jeder Hund besitzt von jedem Gen zwei Varianten (Allele) – eines je Elternteil. Allele können rezessiv oder dominant sein. Die dominanten Erbfaktoren setzen sich gegenüber den rezessiven durch. Ein Beispiel: Ein Hund mit hellem Fell (h, hier rezessiv), wird mit einem Hund mit dunklem Fell (D, hier dominant) verpaart.

DOMINATER ERBGANG

Gene der Mutter / Gene des Vaters	h	h
D	Dh	Dh
D	Dh	Dh

Alle Nachkommen haben ein dunkles Fell.

REZESSIVER ERBGANG

Gene der Mutter / Gene des Vaters	D	h
D	DD	Dh
h	Dh	hh

25 % der Nachkommen haben ein helles Fell.

Epigenetik

Gene sind Schicksal – so lautete lange die landläufige Meinung. Inzwischen wissen wir: Das genetische Erbe ist nicht gänzlich in Stein gemeißelt – wir können genetische Anlagen modifizieren! Die sehr komplexe Molekularbiologie der Epigenetik untersucht, was um die bereits seit 2003 komplett entschlüsselte DNA so herum passiert. Was ist an den Genen dran? Der genetische Code ist in jeder Zelle gleich, Epigenetik konzentriert sich jedoch auf Methylgruppen und Acetylgruppen, die an Proteinen neben den Genen sitzen. Diese Strukturen bestimmen, wie und welche Teile der Gene abgelesen werden – und das lässt sich aktiv beeinflussen. Gleichzeitig vererben Vater und Mutter die epigenetischen Strukturen an den Nachwuchs. Von der Natur ist das schlau gemacht, denn so ist der Nachwuchs ideal auf die gerade herrschenden Lebensbedingungen vorbereitet. Allerdings werden durch epigenetische Strukturen auch Unterernährung, Stress und Traumata mitvererbt, was noch einmal deutlich macht, wie wichtig eine gute Zucht ist. Auch in den ersten Lebensmonaten werden diese Strukturen stark beeinflusst und schlechte Erlebnisse setzen sich an den Genen fest. Die gute Nachricht: Wir können Epigenetik aktiv ändern und verbessern! Beim Menschen geschieht dies durch gesunde Ernährung, Sport und genug Schlaf, beim Hund ebenso durch gute Ernährung, genug Schlaf und viele positive gemeinsame Erlebnisse.

»Ein massiv traumatisierter Welpe, der nur geschlagen wurde und keine sozialen Kontakte hatte, wird wahrscheinlich kein total freundlicher Hund mit einem entspannten Wesen mehr werden können. Aber solange wir uns in normalen Bahnen bewegen, sind epigenetische Effekte reversibel. Die Idee der Natur und der Evolution ist, dass sich Organismen an Veränderungen in ihrer Umwelt anpassen.«

Dr. Peter **Spork**
(Quelle: Podcast WAUFgeschnappt)

Erziehung
vs. Training

Viele Hundetrainer unterscheiden zwischen den beiden Begriffen Erziehung und Training. Bei der Erziehung geht es um Rangfindungsprozesse, den Alltag mit Hund und die allgemeine Reifung – beim Training nur um antrainierte Verhaltenselemente. Jeder hat da so ein wenig seine eigene Philosophie dazu; ich sehe es folgendermaßen: Erziehung findet im Alltag mit Hund statt, indem man mit ihm kommuniziert, ihm Dinge zeigt, aber auch Sachen verbietet. Es ist der intuitive Umgang mit dem Tier, das es prägt und wodurch es Verschiedenstes lernt. Der Hund erfährt dabei, wie Lebewesen im Umfeld auf das eigene Verhalten reagieren und welche Reaktionen er womit hervorbringt. Training hingegen ist der gezielte Aufbau von bestimmten Verhaltensweisen. Theoretisch kann ich alles im Zusammenleben mit meinem Hund auch allein mit Training lösen, was aber einen sehr abstrakten und sterilen Alltag kreieren würde.

Ein Beispiel
Mein Hund springt schwungvoll auf den Frühstückstisch und klaut sich eine Semmel.
Der erzieherische Ansatz wäre: Ich schnapp mir

Hund und Semmel und sag ihm, dass das eine ganz dumme Idee war.
Der Trainings-Ansatz wäre: Ich trainiere gezielt mit dem Hund ein »Decken«-Signal und schicke ihn in Zukunft immer beim Essen auf seine Decke, damit er nichts mehr vom Tisch klauen kann.

Ethologie

Die Ethologie ist die Lehre vom Verhalten. Anhand eines Ethogrammes werden beobachtbare Verhaltensweisen festgehalten und dokumentiert.

Extinktion

Bei diesem Begriff geht es um die Löschung eines Verhaltens. Erfährt ein einst konditionierter Reiz in der Zukunft keine Beachtung mehr, so lohnt es sich für den Hund nicht mehr, dieses Verhalten zu zeigen. Das Verhalten wird also eingestellt. Das Gute daran: Vieles (nicht selbstbelohnendes Verhalten) lässt sich einfach wegignorieren. Erwünschtes Verhalten müssen wir jedoch immer wieder verstärken und am Leben halten. Grundsätzlich bleiben die neuronalen Verknüpfungen des Verhaltens aber bestehen, so kann es jederzeit zu einer Spontanerholung kommen. Ein Verhalten lässt sich also nie komplett löschen. Der Vorteil: Wenn alte Signale, die wir lange nicht genutzt haben, plötzlich wieder notwendig sind, kann der Hund sich recht schnell daran erinnern. Der Nachteil: Haben wir ein problematisches Verhalten mühsam und Stück für Stück abtrainiert, kann es dennoch in stressigen Situationen wieder einmal zum Vorschein kommen. Es ist nie ganz weg.

Das mit dem Feldweg und der Autobahn

Eine Analogie, die ich vielen meiner Kunden mitgebe: Gehen wir die ersten Schritte in Richtung eines neuen Verhaltens, bildet sich im Gehirn des Hundes ein kleiner Trampelpfad. Je öfter ich das Verhalten trainiere, desto breiter wird dieser Trampelpfad. Mit einer gewissen Routine wird aus dem Trampelpfad ein Feldweg, schließlich eine Straße und irgendwann eine mehrspurige Autobahn. Der Hund muss dann also gar nicht mehr über das Verhalten nachdenken, sondern zeigt es automatisch und hat sehr viel Übung darin. Wird das Verhalten aus irgendwelchen Gründen dann nicht mehr gezeigt und/oder eingeübt, verkleinert sich unsere Autobahn wieder. Es wird für den Hund schwieriger, das Verhalten abzurufen. Trotzdem ist das Verhalten nie ganz weg – es wird mindestens immer ein Trampelpfad im Gehirn zurückbleiben. Das gilt für erwünschtes wie auch für unerwünschtes Verhalten.

F — WIE …

Fakultatives Lernen

In der Verhaltensbiologie wird zwischen obligatorischem und fakultativem Lernen unterschieden. Obligatorisches Lernen (= verpflichtendes Lernen) betrifft alle Verhaltensweisen, die für die Überlebenssicherung unbedingt notwendig sind. Dazu gehören zum Beispiel Jagd-, Fortpflanzungs- und

Kommunikationsverhalten. Die angeborenen Verhaltensmuster werden durch Lernprozesse verfeinert und auf die aktuellen Umstände und den eigenen Lebensraum angepasst. Obligatorisches Lernen findet beim Hund vom Welpenalter an vor allem im Spiel mit Artgenossen statt. Fakultatives Lernen (= freiwilliges Lernen) ist nicht unbedingt überlebensnotwendig. Es basiert auf individuellem Neugierdeverhalten und verbessert die Anpassung an die Umwelt. Ein Großteil der Verhaltensweisen, die wir unseren Hunden antrainieren (»Sitz«, »Platz«, »Fuß«), beruhen auf fakultativem Lernen.

Fährtentraining

Haben wir einen echten Nasenhund oder einen zukünftigen Jagdhund, kann Fährtentraining eine tolle Möglichkeit sein. In einer kontrollierten Situation lernt der Hund, bestimmten Bodenspuren zu folgen und Gegenstände auf dieser Spur anzuzeigen, zum Beispiel durch Vorsitzen, Bellen oder Apportieren. Auch beim Fährtentraining empfiehlt sich das sogenannte Backward-Chaining (siehe Chaining). Wir starten den Aufbau der Verhaltenskette also mit der letzten sinnvollen Handlung – hier dem Anzeigeverhalten.

• **Trainingstipp:** So starten Sie ins Fährtentraining

Schritt 1 – Anzeigen lernen:
Nehmen Sie eine Plastikdose (oder einen ähnlichen Behälter), bohren Sie einige Löcher in den Deckel und füllen Sie die Box mit schmackhaften Leckerlis. Der Hund soll den Geruch wahrnehmen und lernen, dass Sie ihm die Box öffnen, sobald er das erwünschte Anzeigeverhalten zeigt (zum Beispiel »Sitz«).

Schritt 2 – Fährte legen:
Zeigt Ihr Hund die Dose zuverlässig an, können Sie auf eine Wiese mit etwas höherem Bewuchs gehen (im hohen Gras ist die Fährte besser sichtbar). Ihr Hund soll dabei zusehen, wie Sie die Fährte legen. Gehen Sie dazu eine gerade Strecke von etwa drei bis fünf Metern durch die Wiese! Setzen Sie einen Fuß genau vor den anderen, damit eine durchgehende Linie entsteht, und legen Sie in jeden Ihrer Schritte ein Leckerli. Ans Ende der Fährte stellen Sie die gefüllte Dose! Um den Hund nicht zu verwirren, springen Sie für den Rückweg aus der Fährtenlinie! Den Anfang der Fährte können Sie mit einem getrampelten Viereck und einigen Leckerlis markieren.

Schritt 3 – Hund ansetzen:
Gehen Sie mit Ihrem Hund an den Startpunkt der Fährte, bauen Sie mit ihm ein Ritual auf – etwa indem Sie ihm ein spezielles Fährtengeschirr anziehen und eine Schleppleine nutzen – und geben Sie ihm Ihr Signal zum Suchen! Der Hund sollte die Leckerlis aufsammeln und die Box am Ende der Fährte anzeigen. Zur Belohnung darf er den Inhalt der Box fressen. Weitere Strecken, das Einbauen von Winkeln und Verleitungen (kreuzende Spuren) sowie längeres Warten zwischen dem Legen der Fährte und dem Start des Ausarbeitens machen die Fährtenarbeit immer spannender. Die Leckerlis in den Schritten werden nach und nach abgebaut. Am Start der Fährte sollte sich besonders viel Geruch (Bodenverletzung) befinden, also trampeln Sie dort ein kleines Feld! •

Fehlassoziation

Ein Beispiel: Wir gehen mit unserem Hund spazieren. Genau in dem Moment, als ein Mann mit Rollkoffer um die Ecke kommt, gibt es einen lauten Knall eines Jets, der die Schallmauer durchbrochen hat. Der Hund erschrickt, verknüpft den Knall mit dem Auftauchen des Mannes mit Rollkoffer und zeigt von diesem Moment an Unsicherheit und Angst vor Rollkoffern (siehe Assoziationslernen).

Flatterband

Ein rot-weißes Plastikband wird gerne im Welpentraining zum Gewöhnungstraining eingesetzt. Indem der Welpe durch die im Wind flatternden Bänder hindurchläuft, lernt er, vor ihnen keine Angst zu haben, baut Selbstbewusstsein auf und trainiert die Umweltsicherheit. Auch beim Longieren wird oft ein Flatterband eingesetzt, um dem Hund am Anfang seinen Laufbereich klarzumachen. Das Flatterband kann im Training aber noch zu sehr viel mehr verwendet werden, zum Beispiel damit der Hund lernen kann, einen bestimmten Bereich nicht zu betreten, also geschieht eine Raumbegrenzung mithilfe des Flatterbandes.

Möchte ich nicht, dass der Hund in einen bestimmten Raum geht oder einen Bereich im Garten betritt (etwa ein Beet), kann ich den Bereich zunächst deutlich mithilfe eines Flatterbandes abgrenzen. Der Hund soll lernen, dass er dieses nicht überwinden darf. Akzeptiert der Hund die räumliche Grenze, kann das Flatterband wieder entfernt werden.

● **Trainingstipp:** Orientierungstraining mit Flatterband

Eine gute Übung, um die eigene Körpersprache zu schulen und das Aufzeigen von Grenzen in entspannter Atmosphäre zu trainieren. Spannen Sie dafür ein etwa 10 Meter langes Flatterband in einer geraden Linie. Laufen Sie mit Ihrem Hund an der Leine entlang des Bandes immer wieder auf und ab – Sie auf der einen, Ihr Hund auf der anderen Seite. Gehen Sie entschlossen Ihres Weges, und nehmen Sie den Hund wortlos mit. Die Regel: Der Hund darf die Grenze des Flatterbandes nicht übertreten. Der Effekt: Die Sichtgrenze macht den Halter für den Hund plötzlich sehr spannend, der Halter demonstriert seine Führungsqualitäten. Nutzen Sie Ihre Körpersprache, um dem Hund begreifbar zu machen, dass er auf »seiner Seite« bleiben soll. Sie können den Schwierigkeitsgrad steigern, indem Sie nun Schlangenlinien entlang des Flatterbandes laufen. Sie können das Band auch in beide Richtungen übersteigen, für den Hund gilt aber dabei die ganze Zeit: Die andere Seite ist Lava! ●

Flooding

Flooding bedeutet Reizüberflutung und ist eine extreme Form der Angsttherapie, von der absolut abzuraten ist. Der Hund wird dabei dem ihm Stress bringenden Reiz so lange ausgesetzt, bis der Körper lernt, die Angst zu »überleben« und keine Stressreaktionen mehr zeigt. Hat der Hund also zum Beispiel Angst vor einer bestimmten Situation, muss er sie so lange »ertragen«, bis die Stresszeichen des Körpers nachlassen und er sich beruhigt. Manchmal fällt der Hund aber auch in eine Angststarre und macht einfach komplett zu, da er dem Stressor nicht entgehen kann. Die Methode ist sehr umstritten, da der Hund in einen extremen Stresszustand kommen und sogar Todesangst haben kann. Wird ein Flooding zu früh abgebrochen, kann es die Angst zudem verstärken.

Beispiel am Menschen
Einem Menschen, der Angst vor Spinnen hat, würde man dabei eine Spinne direkt auf das Bein setzen. Zunächst hätte die Person extremen Stress, mit der Zeit würde das Gehirn des Menschen jedoch begreifen – so die Erklärung – dass von der Spinne keine Gefahr ausgeht.

Der kleine, aber feine Unterschied: Dem Menschen können wir erklären, dass von der Spinne tatsächlich keine Gefahr ausgeht. Zudem kann sich der Mensch freiwillig für ein Flooding entscheiden. Dem Hund können wir nicht erklären, dass von dem gruseligen Müllauto eigentlich gar keine Gefahr ausgeht.

Freies Formen

Ziel des Freien Formens ist es, dass der Hund ohne Hilfe des Halters herausfindet, was dieser von ihm möchte. Der Halter gibt dabei keinerlei akustische, verbale oder körpersprachliche Hilfen. Alles, was er macht, ist den Hund genau im richtigen Moment zu loben – nämlich genau dann, wenn das Verhalten des Hundes in die richtige Richtung geht. Jeder Teilschritt auf dem Weg zum Ziel wird gelobt und somit verstärkt. Freies Formen wird meist in Verbindung mit einem Clicker verwendet (siehe Clickertraining). Ein »Click«-Geräusch markiert dabei genau den Moment, in dem der Hund eine gute Idee hatte. Das richtige Timing ist hier unabdingbar. Auf jeden Click folgt dann ein Keks. Hat der Hund das Konzept des Freien Formens verstanden, lernt er schnell, uns Verschiedenes anzubieten, sobald wir den Clicker in die Hand nehmen.

Ein Beispiel
Ziel: Ich möchte, dass mein Hund mir die Pfote gibt. Hebt er zufällig kurz eine Pfote, wird das sofort gelobt. Klappt das auch beim zweiten Mal, wird er merken, dass ihm das Verhalten einen Keks beschert und wird die Pfote erneut heben – diesmal vielleicht sogar etwas länger. Dann bauen wir unsere Hand mit ein und arbeiten uns nach und nach zum Ziel »Pfote geben« vor. Beherrscht der Hund das Verhalten sicher, führen wir ein Wortsignal dazu ein.

Frustrationstoleranz

Dieser Begriff ist im Hundetraining regelmäßig in aller Munde ist. Hier geht es darum, mit Frust beladene Situationen gelassen hinnehmen zu können. Der Hund sollte dabei den Frust nicht nur aushalten, sondern bestenfalls entspannt bleiben können, obwohl er Dinge, die er gerne machen möchte, gerade nicht tun darf. Es geht also um Selbstkontrolle und eigene Zurücknahme. Zudem können frustrationstolerante Hunde besser damit umgehen, wenn einmal eine Sache nicht sofort klappt. Niederlagen sind für sie weniger schlimm, sie versuchen es einfach erneut. Freies Formen kann beim Hund schnell zu Frust führen, da möglicherweise viele Anläufe nötig sind, bis der Hund das richtige Verhalten findet, das ihm eine Belohnung beschert (siehe Freies Formen). Auch in der Pubertät sind Hunde in der Regel weniger tolerant gegenüber Frust. Frustrationstoleranz lässt sich aber trainieren und üben.

• **Trainingstipp:** Frustrationstoleranz

Ruhe im Park

Nehmen Sie Ihren Hund mit zu einer aufregenden Location – zum Beispiel in einen Park, in die Stadt, oder ans Wasser. Setzen Sie sich mit ihm dort auf eine Parkbank und machen Sie ... genau – nichts! Um den Frust erträglicher zu machen, können Sie ein Schleckspielzeug oder einen Kauknochen mitnehmen.

Das Nimm-Nein-Spiel

Hierfür nehme ich ein Stück Futter in die Hand und schließe sie zur Faust. Die Faust präsentiere ich meinem Hund. Er wird mit Schnauze und Pfote versuchen, an den Keks zu kommen. Ihre Faust bleibt geschlossen. Sie öffnet sich erst, wenn der Hund zurückweicht und abwartet. So lernt er, dass er mit Ruhe und Geduld und eigener Zurücknahme zum Erfolg kommt. Hält er es also entspannt aus, dass er nicht an den Keks in Ihrer Hand herankommt, öffnet sich genau dann Ihre Hand. •

Frühförderung

In der sozial sensiblen Phase (ca. 4. bis 20. Lebenswoche) lernen unsere Hunde sehr intensiv. Folgende soziale Fähigkeiten werden in dieser Zeit entscheidend beeinflusst: Bindungsfähigkeit, Geselligkeitsbedürfnis, Gruppeneingliederung und Aggressionsverhalten. Deshalb ist es sehr wichtig, dem Hund in dieser Zeit Sozialspiele mit Wurfgeschwistern, älteren Hunden und Menschen zu ermöglichen. Er sollte außerdem viele Umweltreize (in einer auf den Hund angepassten Dosis) in entspannter Atmosphäre erkunden dürfen und die Beziehung zum Menschen sollte eine angenehme und positive Erfahrung für ihn sein.

Die 4 F's

Grundsätzlich gibt es vier mögliche Reaktionen, die der Hund in stressigen Situationen zeigen kann. Im Hundetraining nennt man sie die 4 F's. Welche Stressstrategie gezeigt wird, hängt von genetischen Grundlagen und gemachten Lernerfahrungen des Hundes ab.

Flight (Flucht): Gibt es die Möglichkeit zu fliehen, ist das eine gesunde Stressreaktion. Flucht schützt vor unnötigen Verletzungen und verhindert eine Konfrontation.

Fight (Angriff): Oft ein Abwehrangriff (defensiv) aus Unsicherheit, wenn keine Flucht möglich ist oder ein durch Lernerfahrungen ritualisiertes Verhalten. Auch ein offensiver Angriff aus vollster Eigenüberzeugung ist möglich.

Flirt (Übersprungshandlung): Ein gedanklicher Konflikt führt meist zu Übersprungsverhalten. Wird der Hund zum Beispiel aus einer spannenden Tätigkeit abgerufen und weiß nicht, wie er reagieren soll (weitermachen oder zurückkommen), setzt sich dann erst einmal hin und kratzt sich, ist das eine typische Übersprungshandlung.

Flirt kann auch eine Spielaufforderung zur Deeskalation sein.

Freeze (Erstarren): Das Erstarren kann man oft in Hundebegegnungen beobachten. Der Hund wird steif wie eine Statue. Vor Angst erstarrte Hunde machen sich klein und sind in sich zusammengezogen. Achtung: Steif werden kann auch einen Angriff ankündigen.

Funktionsketten

Dieser Begriff meint eine genetisch fixierte, instinktive, automatisch ablaufende Abfolge von Handlungen, ausgelöst durch einen Schlüsselreiz. Im Gegensatz zu Handlungsketten oder Verhaltensketten sind Funktionsketten erblich bedingt. Außerdem sind Funktionsketten selbstbelohnend. Typische Beispiele sind Jagd- und Sexualverhalten.

Funktionskette Jagdverhalten

Wahrnehmen der Beute –> Hetzen der Beute –> Packen der Beute –> Töten der Beute –> Fressen der Beute (siehe Jadgverhalten)

Funktionskreise

Die Bezeichnung kommt aus der Ethologie (Verhaltensforschung). In Funktionskreisen sammelt man Verhaltensweisen, die derselben Funktion dienen. Die unterschiedlichen Funktionen sind zum Beispiel Fortpflanzung, Nahrungserwerb oder Körperpflege. Die Kategorien sind nicht fest und werden vom Forscher selbst erstellt.

Funktionskreis Komfortverhalten nach Dr. Dorit Feddersen-Petersen

Bequemlichkeit: Ruhe, Schlafen, Wälzen, Strecken, Gähnen, Auf-den-Rücken-Rollen, Schmatzen

Autogrooming: Schütteln, Reiben, Fell-/Körperlecken

Allgrooming: Lecken von Fell oder Körper des anderen

Funktionaler Verstärker

Ein funktionaler Verstärker erfüllt eine Funktion und er befriedigt Bedürfnisse. Wir belohnen den Hund hier unter anderem mit Dingen aus der Umwelt. Achten Sie darauf, was Ihr Hund braucht oder gerne tun möchte, und setzen Sie dies gezielt als funktionalen Verstärker ein! Das kann sein: Buddeln (bitte nur in ausgewählten Bereichen, Buddellöcher können sonst eine Gefahr für andere Hunde und Menschen sein sowie landwirtschaftliche Flächen beschädigen), Wälzen, Wasser, Schnüffeln usw. Passen Sie dabei den Verstärker an das Bedürfnis des Hundes an! Anstelle den Hasen zu jagen, darf er zur Belohnung, dass er brav gestoppt hat, einem Ball hinterherflitzen (mit Freigabe-Signal). Statt am Zaun zu pöbeln, darf er, weil er sich brav hat abrufen lassen, wild und ausgelassen mit mir spielen und toben. Auch Grundbedürfnisse können als funktionale Verstärker genutzt werden, wie das Bedürfnis nach Abstand (Distanz zu einem gruseligen Reiz aufbauen), Sicherheit (dem Hund Schutz geben, sich vor ihn stellen), soziale Bedürfnisse (Begrüßung von Menschen und Hunden) (siehe Premack-System).

Futter im Training

Soziales Lob und die Freude mit dem Hund, wenn er etwas schafft, sind sicherlich die besten Verstärker und sollten niemals fehlen! Manchmal bin ich jedoch schockiert, wie viele Menschen Futter beim Training kategorisch ablehnen. Ich höre es oft von (neuen) Kunden und lese es noch viel öfter auf Social Media unter meinen Beiträgen und Videos. Einigen dieser Aussagen möchte ich hier gerne einmal ein wenig auf den Grund gehen.

»Wenn ich Futter fürs Training nehme, dann macht der Hund es ja nur noch fürs Futter und nicht für mich!«
Gegenfrage: Warum sollte der Hund sitzen bleiben, wenn doch gerade ein leckeres Kaninchen an ihm vorbeisaust? Aus Hundesicht ergibt dieses Verhalten, das wir da von ihm fordern, überhaupt keinen Sinn. Sollte er das tun, weil er uns liebhat?! Für den Hund als Beutegreifer ist es das natürlichste Verhalten überhaupt, einer Beute zu folgen. Er wird sich wahrscheinlich eher wundern, warum wir nicht mit ihm hinterherflitzen ... Was ich damit sagen möchte: Wir verlangen in unserer Welt so viele für den Hund unsinnige Verhaltensweisen, dass wir eine Motivation (wie Futter) für ihn schlicht brauchen, damit er Spaß daran hat, sie trotzdem umzusetzen.

»Da kann ich den besten Keks rausziehen und er macht es trotzdem nicht!«
Hier wurde offensichtlich total missverstanden, wie und wofür ich Futter im Training nutzen sollte. Ein Leckerli ist keine Allzweckwaffe, die ich einfach heraushole und alles ist gut – schön wär's! Nein, Futter soll gezielt richtige Verhaltensweisen verstärken und für den Hund lohnenswert machen. Zusätzlich kann ich Futter toll nutzen, um den Hund überhaupt erst in eine Position zu bringen, also um Verhalten zu erzeugen (etwa durch Locken). Hat der Hund aber (noch) nicht verstanden, welches Verhalten er umsetzen soll, hilft natürlich in spannenden Situationen auch kein Keks vor der Nase.

»Alles schön und gut wenn keine Ablenkung da ist, aber wenn ein anderer Hund kommt, klappt das mit Futter nicht mehr!«
Auch hier wurde nicht verstanden, welche Schritte nötig sind, damit ein erlerntes Verhalten auf ein Signal hin immer und überall zuverlässig funktionieren kann. So brauche ich für die Grundstellung (Hund sitzt neben mir im »Fuß«) zum Beispiel erst ein Futterlocken in die richtige Position (Verhalten erzeugen). In der »Fuß«-Position angekommen, bekommt der Hund dann das Futter (Verhalten verstärken). Habe ich das ein paarmal wiederholt und kann ich das Verhalten zuverlässig erzeugen, kann ich mein Signal einführen. Was fehlt noch? Ich baue nun das Futter beim Locken Schritt für Schritt ab, sodass der Keks nicht mehr in meiner Hand ist, sondern lediglich die Handgeste bleibt. Die Futterbelohnung gibt es dann erst am Ende. Nun muss ich nur noch meine Handgeste immer kleiner werden lassen, sodass der Hund es schafft, das Verhalten allein auf mein Hörzeichen hin (»Fuß«) auszuführen und sich daraufhin neben mich zu setzen. Jetzt fertig? No! Hat der Hund einmal verstanden Fuß = ich setze mich links neben meinen Menschen, müssen wir das Signal generalisieren. Der Hund erfährt hierbei, dass »Fuß« immer und überall gültig ist, egal aus welcher Position. Dann

können wir langsam die Ablenkungen steigern und das Verhalten absichern. Können wir davon ausgehen, dass der Hund verstanden hat, was »Fuß« ist und haben es auch sehr fleißig immer wieder in unterschiedlichsten Situationen geübt, erst dann kann (bzw. soll) es der Hund auch in Situationen mit großen Verleitungen abrufen. Hier kommt der Punkt der Verbindlichkeit mit ins Spiel. Gehen wir davon aus, dass der Hund weiß, was »Fuß« bedeutet, er möchte aber in einer Situation doch gerne etwas anderes tun, dann habe ich hier (nach all dem vorangegangenen Training) die Möglichkeit zu sagen: »DOCH, du machst das jetzt trotzdem!« Das Futter gibt es nur für ein korrekt ausgeführtes Verhalten, es darf sich gerne immer mal wieder lohnen, das »Fuß« schön auszuführen – gerade in schwierigen Situationen.

»Mein Hund macht das immer erst, wenn ich dann das Futter raushole!«

Ja, unsere Hunde haben uns manchmal schon echt gut im Griff ... Sagen wir zum Beispiel »Sitz«, der Hund möchte sich aber nicht setzen, und wir holen das Futter heraus, woraufhin der Hund sich sofort setzt, hat er a) nicht verstanden, was »Sitz« bedeutet, oder b) gelernt, dass er sich auf gar keinen Fall hinsetzen darf, weil es dann erst das Futter gibt. Manch schlauer Vierbeiner fängt dabei an abzuwägen, schnüffelt einmal kurz und überlegt, ob es sich heute lohnt, für sein Trockenfutter irgendetwas zu tun. Hier sind wir im Bereich der Bestechung (»Wenn du jetzt brav ‚Sitz' machst, bekommst du auch ein Stück Käse«) und nicht mehr in einem Bereich der Belohnung.

Wir sollten uns natürlich nicht von der Futterbelohnung abhängig machen, aber es ist eine gute Möglichkeit, den Hund für gewisse Dinge zu motivieren, hochwertig zu belohnen und damit auch das eine oder andere Signal für den Hund – im wahrsten Sinne des Wortes – schmackhafter zu machen. Futter kann ich immer wieder und häufig hintereinander geben, daher ist es für den Aufbau einiger Verhaltensweisen einfach ideal.

Im Gespräch hat mir **Prof. Dr.** Ádám **Miklósi** von der Eötvös-Loránd-Universität Budapest (er und sein Team sind die am längsten bestehende Forschungsgruppe zum Verhalten von Haushunden weltweit) verraten, dass er ein großer Fan der Arbeit mit dem Futterdummy ist. Der Hund soll in der Lage sein, sich sein Futter gemeinsam mit dem Menschen »erjagen« zu können (siehe Futterdummy).

»Die ganze Idee, dass der Hund einfach so vor dem Kühlschrank eine Schüssel findet mit Futter, das ist so komisch für mich. Natürlich ist es ganz normal, aber das Leben des Hundes ist ja nicht so. Das Futter sollte viel mehr begrenzt und für Sinnvolles genutzt werden. Ich sehe es überall, dass die Leute ihren Futterbeutel dabeihaben und die Hunde für alles etwas bekommen. Fressen sollte nicht an soziale Sachen gebunden sein.«

Prof. Dr. Ádám **Miklósi**

Obacht, Hochwertigkeits-Spirale

Gerne neigen wir Menschen dazu, dem Hund immer nur das Feinste vom Feinen geben zu wollen. Das ist ja auch vollkommen in Ordnung, aber hüten Sie sich vor der Hochwertigkeits-Spirale! Die fängt dann an, sich in die Höhe zu schrauben, wenn der Hund Futter nicht mehr annimmt und wir mit immer neuen und besseren Leckereien aufwarten. Der Hund beginnt abzuwägen und zu warten, ob Sie vielleicht doch noch mit etwas Leckererem um die Ecke kommen. Am Ende helfen nicht mal mehr gedünstetes Steak oder die gute alte Leberwurst. Wie ein Kind, das bei Oma und Opa jeden Abend Pommes und Eis bekommt, dann zu Hause aber das Gemüse verweigert (zugegeben, der Vergleich hinkt ein wenig ...).

Bitte beachten Sie: Futterverweigerung kann auch gesundheitliche Gründe haben!

Die Arbeit mit dem Futterdummy macht Spaß und fördert die Kooperation.

Foto: Lena Schwarz

Futterbetteln

Hier handelt es sich um eine Verhaltensweise der aktiven Unterwerfung. Etwa ab der dritten Lebenswoche beginnen Welpen, an der Mutter hochzuspringen und ihre Mundwinkel zu lecken. Die Mutter würgt daraufhin Nahrung hervor. Sind die Welpen älter, kann es auch sein, dass die Mutterhündin sie »wegbeißt«. Erwachsene Hunde nutzen das Futterbetteln oft zur Begrüßung ihrer Halter oder zur Beschwichtigung von Artgenossen.

Futterdummy

Der Futterdummy ist eine tolle Möglichkeit, futtermotivierten Hunden das Apportieren beizubringen. Er sieht aus wie eine kleine Apportel-Tasche mit Reißverschluss oder Klettverschluss, in der sich Futterstücke hineinfüllen lassen. Der Hund lernt, dass er nur durch Kooperation und Zusammenarbeit mit dem Menschen an das Futter kommt – eben indem er genau diesem den Futterdummy bringt. Das gemeinsame Beutemachen schweißt zusammen. Hat der Hund verstanden, dass sich das Apportieren des Dummys lohnt, können Sie damit auch prima kleine Such- und kontrollierte Jagdspiele starten. Möglich ist dann auch der Wechsel zum normalen Dummy und regulärem Dummytraining (siehe Apportieren/Dummytraining).

Futterneid

Ja, es gibt sie, die Hunde, die einen Menschen neben dem Futternapf nicht tolerieren und wenn nötig auch ihre Zähne nutzen. Wir müssen uns bei solchen Ressourcenproblematiken immer vor Augen führen, dass sie häufig mit einer großen Verlustangst einhergehen. Es ist also ein Verteidigen aus Angst, es zu verlieren. Dass wir das Trockenfutter bestimmt nicht selbst essen wollen, ist dem Hund dabei nicht bewusst.

● **Trainingstipp:** Futterneid verhindern

Alles, was wir tun müssen, damit der Hund uns in der Nähe des Napfes toleriert, ist, etwas Besseres parat zu haben, als das, was sich im Napf befindet. Der Hund lernt so, dass sich unsere Anwesenheit beim Fressen maximal für ihn lohnt. So können wir uns zum Beispiel in angemessener Entfernung platzieren und dem Hund, während er frisst, Stücke von Wiener-Würstchen zuwerfen (oder Vergleichbares, das er besonders gerne mag). Schritt für Schritt wird sich seine Aufmerksamkeit vom Napf weg den Wurststücken zuwenden. Versteht er dann noch, dass die Leckereien von uns kommen, wird der Napf schnell unwichtig und wir sind in diesem Moment sehr viel spannender. Ziel ist, dass wir dem Hund die Wurststücke irgendwann beim Fressen direkt in den Napf legen können.

Fangen Sie das am besten direkt mit Ihrem Welpen an, um Futterneid vorzubeugen: Geben Sie ihm von Anfang an mit der Hand etwas Futter in den Napf nach. Er versteht so von klein auf, dass die Hand im Napf etwas Gutes ist.

Nehmen Sie Ihrem Hund niemals grundlos Futter weg »weil er sich das gefallen lassen muss« – Futterverteidigung ist hier vorprogrammiert! ●

G — WIE …

Geborgenheitsreize

Geborgenheitsreize sind vor allem in der Welpenzeit sehr wichtig. Es handelt sich dabei um Personen, Umgebungen oder Gegenstände, die im Hund einen positiven emotionalen Zustand auslösen. Züchter sollten ihre Welpen mit möglichst vielen Geborgenheitsreizen vertraut machen, die so oder auf eine ähnliche Weise auch im neuen Zuhause auftauchen. Dann fällt die Eingewöhnung leichter und der Hund findet schneller sein emotionales Gleichgewicht.

In der Sozial Sensiblen Phase (4. bis 20. Woche) ist der Vierbeiner auf einen positiven emotionalen Status gepolt, es ist die ideale Zeit zum Erwerb neuer Geborgenheitsreize.

Ein Geborgenheitsreiz kann ein Geruch sein (beispielsweise der Geruch der Mutter) aber auch ein Spielzeug, eine Person oder eine Decke. Es ist etwas, das der Hund kennt und ihm ein gutes Gefühl gibt.

Wenn Sie Ihren Hund regelmäßig beim Züchter besuchen, können auch Sie schon zu einem bekannten angenehmen Geruch – und somit zu einem Geborgenheitsreiz – werden. Sinnvoll beim Auszug ist außerdem, wenn man eine Decke oder ein Spielzeug mitnehmen kann, das noch den Geruch der Mutterhündin und der Geschwister trägt, das kann im neuen Zuhause ein guter Geborgenheitsreiz sein und viel Sicherheit geben.

Gedächtnis

Hier wird unterschieden zwischen Ultrakurzzeitgedächtnis (sensorisches Gedächtnis), Kurzzeitgedächtnis (Arbeitsgedächtnis) und Langzeitgedächtnis. Das Ultrakurzzeitgedächtnis fängt Informationen auf und entscheidet, ob sie weitergeleitet werden oder nicht. Ein vorbeifliegender Vogel, der als nicht wichtig erachtet wird, wird schnell unverarbeitet wieder vergessen. Passen die Informationen zu anderen Erfahrungen, werden sie ins Kurzzeitgedächtnis weitergeleitet. Dort werden sie bewusst verarbeitet, mit bestehenden Informationen verglichen und aktualisiert. Sie stehen aktiv für Lern- und Denkprozesse zur Verfügung. Wahrnehmungen bleiben in etwa 20 Minuten im Kurzzeitgedächtnis. Werden sie länger benötigt, werden sie ins Langzeitgedächtnis übertragen. Dieses ist für eine dauerhafte Erinnerung zuständig, die immer wieder abgerufen werden kann. Durch viele Wiederholungen sorgen wir im Training dafür, dass sich ein Verhalten im Langzeitgedächtnis festsetzt. Sehr emotionale oder traumatische Erlebnisse gelangen besonders schnell ins Langzeitgedächtnis. Diese Speicherungsprozesse finden ständig statt, weshalb der Hund auch durchgehend lernt.

Gefühle

Gefühle haben einen sehr großen Einfluss auf das Lernen. Negative Gefühle, Stress oder Unlust sorgen dafür, dass der Hund schlechter lernt und Gelerntes weniger gut gespeichert werden kann. Schaffen wir es jedoch, das Training mit positiven Gefühlen zu verbinden, nimmt der Vierbeiner den Lernstoff besonders gut auf. Wichtig sind hier positives, zwangfreies Arbeiten und eine hochwertige Belohnung. Auch die eigene positive Stimmung während der Trainingssituation trägt maßgeblich zu erfolgreichem Training bei. Die Stimmungsübertragung, die zwischen Mensch und Hund stattfindet, sollten wir nie unterschätzen.

Gegenkonditionierung

Die Gegenkonditionierung findet meist in Kombination mit einer Desensibilisierung statt (siehe Desensibilisierung). Hier arbeiten wir am Gefühl des Hundes mit der Hilfe von klassischer Konditionierung. Dabei ist ein Reiz mit einem bestimmten Gefühl verknüpft und diese Verknüpfung soll geändert werden. Meist geht es darum, eine negative Assoziation in eine positive umzuwandeln.

Ein Beispiel: Der Hund hat Angst vor großen Männern mit Hut und erschrickt jedes Mal, wenn er welche sieht. Männer mit Hut lösen bei diesem Hund also ein schlechtes Gefühl aus. Warum dies so ist kann auf eine unglückliche Erfahrung oder einen Schreckmoment mit selbigen zu tun haben, für das Training ist dies erst einmal nicht relevant. Nun wollen wir mit der Gegenkonditionierung erreichen, dass dieses Gefühl positiver wird – der Hund also etwas Tolles mit großen Hutträgern verbindet. Das Training könnte folgendermaßen ablaufen: Wir bestellen uns einen großen Mann ins Training und verpassen ihm einen Hut. Er soll dann – mit genügend Abstand – immer mal wieder auftauchen. Der Abstand muss so groß sein, dass es für den Hund noch in Ordnung ist (siehe Desensibilisierung).

Immer, wenn der Hund den Mann erblickt, gibt es nun eine tolle Belohnung. Er soll lernen, dass große Männer mit Hut etwas Leckeres für ihn ankündigen. Klappt es gut, kann man langsam versuchen, die Distanz zu verringern und wieder zu vergrößern. Dabei bleiben wir immer in einem Bereich, der für den Hund noch in Ordnung ist.

Nach vielen Wiederholungen an unterschiedlichsten Situationen wird sich die negative Einstellung großen Männern mit Hut gegenüber (Furcht) Schritt für Schritt in eine positive Erwartungshaltung (gleich gibt's Futter) ändern (siehe auch Assoziation/Klassische Konditionierung).

Generalisierung

Hunde generalisieren nicht automatisch, sie lernen grundsätzlich kontext-abhängig. Das bedeutet, dass sie beim Erlernen eines neuen Verhaltens immer auch den Kontext mit abspeichern. Lernt der Hund also zum Beispiel auf dem Hundeplatz ein schönes Fußlaufen, lernt er die Bedingungen »auf dem Hundeplatz« dabei mit. Er lernt also erst einmal nur, dass »Fuß« genau dann »Fuß« bedeutet, wenn wir auf dem Hundeplatz sind, andere Hunde anwesend sind, der Trainer mit dabei ist, Frauchen die Trainingsweste anhat und der Leckerli-Beutel gefüllt ist.

Damit das schöne Fußlaufen aber immer und überall zuverlässig funktioniert, müssen wir es auch an vielen verschiedenen Örtlichkeiten und in den unterschiedlichsten Situationen trainieren. Oft sind Welpenbesitzer ganz verzweifelt, weil eine Übung im Training nicht klappt und beteuern: »Zu Hause macht der das aber wie eine Eins.« Der Welpe hat das Verhalten im heimischen Umfeld gelernt und genau dieses Umfeld dabei eben auch mit abgespeichert. Er weiß noch nicht, dass »Sitz« auch immer und überall »Sitz« bedeutet. Seien Sie deshalb nachsichtig und trainieren Sie einfach fleißig an verschiedenen Orten, damit der Hund lernt, zu generalisieren! Übrigens: Sie müssen das nicht jedes Mal mit jedem Signal machen, der Hund hat das Konzept der Generalisierung in der Regel nach einer Weile verstanden (schaden tut es natürlich trotzdem nicht).

● **Trainingstipp:** Signale generalisieren

Brechen Sie doch einmal den Kontext auf und üben Sie verschiedene Signale in den absurdesten Situationen! Lassen Sie Ihren Hund neben Ihnen fußlaufen, während Sie sich auf Krücken bewegen, einen großen Karton tragen, den Hopserlauf machen oder wie ein Storch staksen! Lassen Sie ihn sitzen und umrunden Sie ihn mit dem Fahrrad, kehren Sie mit einem Besen um ihn herum, oder rennen Sie kreischend mit winkenden Armen davon. Seien Sie gerne kreativ und haben Sie Spaß! ●

Geruchsunterscheidung

Hunde sind Nasentiere und nehmen ihre Welt hauptsächlich über den Geruchssinn wahr. Mit Geruchsübungen, die den intensiven Einsatz der Nase erfordern, können wir unseren Hund vergleichsweise schnell und effektiv auslasten. Zudem ist es eine Aktivität, die Ruhe, genaues Arbeiten und Konzentration fördert. Eine Möglichkeit von vielen ist das Erlernen der Geruchsunterscheidung.

Fotos: Lena Schwarz

Bei der Scent Detection sucht der Hund seinen Zielgeruch (z.B. Kamillentee) und zeigt ihn durch Verharren an.

Mal präsentieren Sie den Tee in einem Gewürzglas, das Sie mit der Öffnung direkt unter das Loch der Geruchsbox stellen. Versuchen Sie viele Varianten zu finden, damit Ihr Hund lernt, dass es nur um die Grundsubstanz (Tee) und nicht die Trägermaterialien (Watte, Glas) geht. Starten sollten Sie aber mit dem Tee an sich (nur von EINER Teemarke, keine Mischungen, sondern »reiner« Tee, etwa Pfefferminze, Kamille etc.). Aufbau und Ablauf sind wie bisher, nur soll der Hund jetzt das Leckerli-Tee-Gemisch suchen und anzeigen.

Schritt 5

Zielgeruch suchen und anzeigen

Hat der Hund gelernt, dass sich der bestimmte Teegeruch für ihn lohnt, bauen wir nach einiger Zeit langsam die Leckerlis in der Box ab. Der Hund soll nun nur noch seinen Zielgeruch suchen und anzeigen.

Schritt 6

Location-Wechsel

Ihr Hund erkennt ohne mit der Wimper zu zucken, in welcher Box der Tee versteckt ist? Dann wird es Zeit für einen Location-Wechsel. Das kann schon heißen, dass Sie die Boxen nicht mehr in einer Reihe, sondern im Kreis aufstellen. Nutzen Sie unterschiedliche Boxen: groß, klein, rund, eckig oder verteilen Sie die Boxen im Wohnzimmer. Erhöhte Plätze erhöhen die Schwierigkeit. Zu einfach? Dann verstecken Sie den Zielgeruch in einer Scent-Wall, zum Beispiel aus aufeinandergestapelten Ziegelsteinen. Auch in aufgereihten Rucksäcken oder an Ihrem Auto kann der Hund nach dem Zielgeruch suchen. Wechseln Sie ebenfalls wieder die Trägermaterialien: Filzgleiter lassen sich wunderbar erhöht oder an ungewöhnliche Stellen kleben, Watte können Sie in Ritzen stecken. Ihr Hund sollte schon wissen, nach welchem Geruch er suchen muss. Das Auffinden belohnen Sie zunächst mit einem zügigen Klick nach entsprechender Körpersprache. Das Anzeigeverhalten können Sie parallel weiterhin an den Boxen verfeinern.

Schritt 7

Verkleinern und Generalisieren des Zielgeruchs

Haben Sie die vorausgegangenen Schritte geschafft, dürfen Sie sich kräftig auf die Schulter klopfen: eine tolle Leistung! Sie wollen noch mehr? Kein Problem! Hat der Hund gelernt, eine Marke Tee zuverlässig zu finden und anzuzeigen, generalisieren Sie den Geruch! Das heißt: Sie nutzen nun andere Marken der gleichen Teesorte. Diese lagern Sie wieder in Einmachgläsern. Es kann gut sein, dass sich die Anzeige beim ersten Wechsel auf eine andere Marke verschlechtert. Sie arbeiten aber wie bei der ersten Marke an den Boxen, um dem Hund klarzumachen, dass das Gleiche gefordert wird. Der Wechsel auf die dritte Marke geht schon einfacher. Dokumentieren Sie Ihr Training, damit Sie einen guten Überblick haben, mit welcher Marke Sie wie oft trainieren. Der Hund soll den Geruch (etwa Pfefferminze) generalisieren, um Pfefferminze künftig immer und überall in unterschiedlichen Formen (frisch, getrocknet, als Öl ...) anzeigen zu können. Dazu führen Sie Schritt für Schritt immer neue Versionen von »Pfefferminze« ins Training ein. Es ist vollkommen normal, dass sich die Leistung des Hundes hier zunächst verschlechtert. Auch durch eine »Verkleinerung« des Geruchs machen Sie das Training anspruchsvoller, zum Beispiel indem

Sie nur sehr wenig Material des Zielgeruchs suchen lassen. Sie könnten auch weitere Zielgerüche konditionieren. Zunächst sollten Sie jedoch ein sicheres Anzeigen EINES Geruchs, egal welcher Marke, auf sämtlichen Trägermaterialien und in den verrücktesten Verstecken trainieren. Lassen Sie auch mal eine andere Person den Geruchsträger verstecken, ohne dass Sie selbst wissen, wo sich der Geruch befindet!

Egal ob als Leckerlisuche oder mit differenziertem Zielgeruch – haben Sie Spaß mit Ihrem Hund und lassen Sie sich von seinen Suchfähigkeiten begeistern. Er wird es Ihnen danken!

Scent Detection

Grenzen setzen

Klar abgesteckte Grenzen sind wichtig in der Kommunikation mit unserem Hund. Wir müssen ihm deutlich vermitteln können, was wir von ihm möchten, was erlaubt ist und was nicht (siehe Strafe).

»Grenzen spielen bei mir eine sehr große Rolle! Damit meine ich nicht, dass ich meinen Hund trete oder kreischend hinter ihm herrenne. Es geht darum, Grenzen zu setzen, und zwar so, dass Hunde es verstehen. Wir können nicht nur gutes Verhalten bestätigen ... das funktioniert nicht, das verstehen Hunde nicht. Hunde sind soziale Lerntiere!«

Kate Kitchenham
(Quelle: Podcast WAUFgeschnappt)

Gruppenaggression

Aggressionsverhalten ist ansteckend. Gruppenaggression entsteht durch Stimmungsübertragung oder gemeinsames Jagdverhalten. Gerade bei Gruppenspaziergängen sollten Sie darauf achten, dass die Angriffslust eines Tieres nicht auf andere überspringt und zu gemeinsamem Mobbing führt.

H – WIE ...

Habituation

Dieser Begriff bedeutet die Gewöhnung an einen Reiz, bis hin zur Bedeutungslosigkeit. Dabei ist es egal, um welche Art von Reiz es sich handelt. Eine Habituation kann gut oder auch schlecht für das Training mit dem Hund sein. Hat der Hund zum Beispiel Angst vor Rollkoffern, lässt sich eine Habituation mit kleinen Trainingsschritten und stressfreien Annäherungen erzeugen. Das Ergebnis ist, dass der Hund Rollkoffern keine Bedeutung mehr zuschreibt und die Angst verfliegt. Es kann sich bei der Habituation aber auch um die Gewöhnung an Signale handeln – das ist im Training sehr ungünstig. Verwenden wir ein Signal – zum Beispiel »Hier« – zu oft, ohne dass der Hund es ausführt, wird es bedeutungslos. Der Hund hat sich daran gewöhnt und reagiert nicht mehr darauf. Um dies rückgängig zu machen, müssen wir fleißig trainieren oder ein neues Signal für die gewünschte Handlung etablieren.
Beim Welpen spricht man ebenfalls von einer Habituation und meint damit die Gewöhnung

an die unbelebte Umwelt. Er soll sich in der Sozial Sensiblen Phase (von der 4. bis circa zur 20. Lebenswoche) an verschiedene Geräusche, Gegenstände und Gerüche in seiner Umgebung gewöhnen. Eine positive Gewöhnung an die unbelebte Umwelt ist in dieser Zeit genauso wichtig wie gute Erfahrungen mit der belebten Umwelt (Sozialisierung, mit Lebewesen).

Hängeohren

Lange hängende Ohren sehen nicht nur knuffig aus, sondern wurden gezielt so gezüchtet – aus gutem Grund. Viele Jagdhunderassen haben lange Ohren und profitieren gleich zweimal davon: Die Ohren decken die empfindliche Ohrmuschel ab und schützen den Hund bei der Arbeit in unwegsamem Gelände, Gestrüpp und Dornen vor Verletzungen. Zusätzlich helfen die Ohren bei der Verfolgung von Fährten. Schnüffelt der Hund, schleifen sie am Boden und wirbeln Gerüche auf, die so für den Hund wieder frisch und besser riechbar sind. Davon profitieren zum Beispiel die Spaniel-Rassen sowie Bloodhound, Basset, Beagle oder Bracke.

Halti

Das Halti ist ein Hilfsmittel zum Trainieren der Leinenführigkeit. Es handelt sich dabei um ein Kopfhalfter für Hunde. Es kommt vor allem bei sehr starken und ziehfreudigen Hunden zum Einsatz, da es das Kräfteverhältnis relativiert und dem Halter eine bessere Möglichkeit zum Eingreifen bietet. Achtung: Das Halti ist kein Allheilmittel, sondern lediglich eine Trainingshilfe. Es ist eine schrittweise Gewöhnung und gezieltes Training notwendig. Bei falscher Anwendung besteht ein hohes Verletzungsrisiko für den Hund.

Handtarget

Das Handtarget erleichtert den Aufbau vieler toller Tricks. Auch die Fuß-Arbeit können wir mithilfe des Handtargets verfeinern. Dabei lernt der Hund in einem ersten Schritt, mit der Schnauze unsere Hand anzutippen. In einem weiteren Schritt soll er den Kontakt zur Hand halten und erst auf Kommando wieder lösen. Am besten trainieren wir das Handtarget mit dem Clicker. Der Hund sollte dafür mit dem Konzept des Clickers vertraut sein (auf jeden Click folgt ein Keks). Berührt der Hund mit der Schnauze unsere Hand, folgen Click und Keks. Mit dem Clicker haben wir – etwas Übung vorausgesetzt – ein gutes Timing und können den Moment der Berührung sehr gut einfangen. Im Laufe des Trainings kommt der Click immer später und der Hund muss die Schnauze immer länger an unsere Hand drücken, um seine Belohnung zu erhalten. Klappt das Handtarget zuverlässig, können wir es zum Aufbau verschiedener Übungen im Training verwenden.

Handlungskette

Die Abfolge verschiedener einzelner Verhaltensweisen oder Handlungen hintereinander nennt man Handlungskette. Dabei können die Verhaltensweisen erlernt oder genetisch fixiert sein.

Sind sie genetisch fixiert, wird häufig auch der Begriff Funktionskette genutzt.
Genetisch fixierte Handlungskette Jagdverhalten: Finden –> Fangen –> Töten –> Fressen
Antrainierte Handlungskette Apportieren: Zum Ball laufen –> Ball aufnehmen –> Ball zum Menschen tragen –> Ball abgeben (siehe Chaining).

Hüten Sie sich vor **unerwünschten Handlungsketten**! Diese erlernt der Hund schnell, wenn wir ihn (aus Versehen) für unerwünschtes Verhalten belohnen.

Ein Beispiel: Ihr Hund springt Sie an. Sie sagen ihm, dass er runtergehen soll und geben ihm direkt Futter, sobald er unten ist. Was der Hund lernt: Ich muss meinen Menschen erst anspringen, damit ich das Futter bekomme – das unerwünschte Verhalten wird der Hund so also nicht abstellen. Im Gegenteil, er hat gelernt, dass das Anspringen dazugehört, oder sogar erforderlich ist. Besser: Nach der Korrektur einige Sekunden warten, ggf. den Hund noch einmal zum Anspringen »animieren« und Futter geben, bevor er auf die Idee kommt hochzuspringen.

Hemmung

Eine Hemmung ist das Ergebnis einer instrumentellen Konditionierung mit Strafe. Belohnen wir ein Verhalten, dann verstärken wir es – bestrafen wir ein Verhalten, dann hemmen wir es. Eine Hemmung führt also dazu, dass ein Verhalten nicht mehr gezeigt wird. Im Gehirn bilden sich Hemmzellen, die eine wichtige Funktion bei der Selbstregulation erfüllen.

Der kleine aber feine Unterschied: Bei einer instrumentellen Konditionierung arbeiten wir am **Verhalten**. Wir sprechen hier von einer **Hemmung**. Wir verbieten ein Verhalten, der Hund möchte es aber immer noch zeigen.

Bei einer klassischen Konditionierung arbeiten wir am **Gefühl**. Das Ergebnis ist hier eine **Aversion** (eine Abneigung gegenüber dem Reiz, ein schlechtes Gefühl). Hier möchte der Hund das Verhalten nicht mehr zeigen, er meidet.

Ein Beispiel: Der Hund möchte den Müll plündern. Ist das Verhalten gehemmt, möchte er immer noch zum Müll gehen, denn er weiß, dass sich Leckereien darin befinden. Aufgrund der Hemmung tut er es aber nicht, denn er weiß, dass er dafür gestraft werden würde.
Hat der Hund eine Aversion gegenüber dem Mülleimer, meidet er diesen, denn er hat gelernt, dass der Mülleimer Schmerzen verursacht. Er möchte ihn nicht mehr plündern.

Latente Hemmung

Eine latente Hemmung ist wiederum etwas anderes. Hier hat der Hund gelernt, dass ein Reiz keine Bedeutung hat. Es ist nun sehr viel schwieriger, dem Hund zu vermitteln, dass genau dieser Reiz plötzlich doch etwas bedeutet (auch genannt: **erlernte Irrelevanz**).

Ein Beispiel: Stellen wir uns einen Hundehalter vor, der auf seinen Spaziergängen immer vor sich hin pfeift. Der Hund hat gelernt, dass sein

Mensch das immer tut und es keine besondere Bedeutung hat. Möchte der Mensch dem Hund nun einen Pfiff als Rückruf beibringen, wird sich das als sehr schwierig erweisen. Der Hund hat bereits im Gehirn abgespeichert: Pfiffe = bedeutungslos.

Vorsicht! Das kann auch anders herum passieren: Nutzt der Mensch einen Pfiff als Rückruf, der Hund kommt daraufhin aber so gut wie nie und der Mensch pfeift trotzdem fröhlich weiter, dann lernt der Hund, dass dieser »Rückruf« nichts bedeutet. Er hat ihn als irrelevant abgespeichert und der Rückruf-Pfiff ist »verbraucht«. Hier muss ein neues Signal als Rückruf eingeführt werden (siehe Abruf).

Hemmungsloser Angriff

Ein hemmungsloser Angriff bedeutet beabsichtigtes Beschädigungsbeißen. Es ist die gravierendste Art von Aggressionsverhalten. Nur in den seltensten Fällen kommt ein hemmungsloser Angriff zum Einsatz, wenn doch, dann vor allem bei Territorialverteidigung und der Verteidigung von Welpen und Jungtieren. Die Merkmale des hemmungslosen Angriffes sind gering. Es fehlen optische und akustische Ausdruckselemente, die Energie wird voll und ganz dazu genutzt, den Kontrahenten zu verletzen (siehe Aggression).

Hüteverhalten

Wer meint, dass Hütehunde nicht jagen gehen, hat nur teilweise recht, denn Hüteverhalten ist modifiziertes Jagdverhalten. Durch Selektion der Zuchttiere wurden bei Hütehund-Rassen einige jagdliche Verhaltensweisen verstärkt und andere minimiert. Vor allem zeigen Hütehunde das Fixieren von Beute sowie das Verfolgen oder Treiben. Die Endhandlung der Jagdverhaltenskette (Packen und Töten) ist nicht mehr vorhanden (siehe Jagdverhalten).

I — WIE ...

Imponieren

Vor allem Rüden im ähnlichen Alter versuchen sich untereinander im Imponieren. Das dient in erster Linie der Selbstdarstellung. Auffällig dabei sind eine steife Körperhaltung und ein starrer, abgehackter Gang. Die Rute trägt der Hund aufgerichtet, sie kann teilweise auch etwas wedeln. Eventuell sind die Rückenhaare aufgestellt – beim Versuch, sich so groß wie möglich zu machen. Der Kopf ist erhoben, die Ohren sind gespitzt. Beim Imponierscharren, das oft folgt, nachdem der Hund Urin oder Kot abgesetzt hat, verteilt er die eigenen Duftmarken. Das Imponiertragen eines Spielzeuges vor der Nase des Artgenossen soll die eigene Überlegenheit demonstrieren.

Zum Imponierverhalten gehört außerdem die T-Stellung. Dabei stehen die Hunde in der Form eines Ts zueinander, wobei einer den anderen körperlich blockiert. Auch das Kopfauflegen kann Teil dieses Verhaltens sein. Dabei werden der Kopf oder das Kinn meist auf den Rücken des Artgenossen gelegt, manchmal wird dazu auch

Fotos: ©Dogs/stock.adobe.com

Zwei etwa gleich alte Rüden in der T-Stellung. Der weiße Hund stellt sich quer und grenzt den anderen somit deutlich ein.

die Pfote verwendet oder es folgt ein Aufreiten. Grundsätzlich zielt Imponierverhalten nicht auf Aggression ab, kippt aber die Stimmung, kann daraus ein sogenannter Showkampf werden – ein lautes Kräftemessen.

Impulskontrolle

Einige Hunde bringt der kleinste Schmetterling aus der Ruhe, andere interessiert nicht einmal ein flitzender Hase. Ähnlich wie bei der Frustrationstoleranz geht es auch bei der Impulskontrolle darum, dass der Hund es schafft, gewisse Reize gelassen hinzunehmen, ohne sofort losstürzen zu müssen. Er soll dazu in der Lage sein, seine Handlungen und Emotionen zu kontrollieren, also einen Handlungsimpuls situativ unterdrücken zu können. Es geht um Selbstkontrolle und Selbstregulierung. Am besten trainieren Sie Impulskontrolle, indem der Hund lernt, dass er einen Vorteil dadurch hat, wenn er wartet und sich zurücknimmt. Möchte er zum Beispiel einem spannenden Ball hinterherflitzen, verlangen Sie ein »Sitz« und erlauben es ihm daraufhin! Er wird für die kurze Kontrolle seines Impulses (loszustürzen) direkt belohnt. Stück für Stück können Sie die Zeitspanne verlängern, bevor der Hund seinem Bedürfnis folgen darf. Der grundsätzliche Trainingsgedanke könnte hier sein: »Ja, du darfst, aber nicht sofort!«

• **Trainingstipp:** zur Stärkung der Impulskontrolle

Schon mit unserem Welpen können wir erste Impulskontroll-Übungen machen, zum Beispiel indem er nicht sofort an seinen Futternapf darf. Er soll ruhig warten und erst auf unsere Freigabe anfangen zu fressen. Auch das »Dekorieren« des Hundes mit Futterstücken trainiert die Impulskontrolle. Da der Hund weiß, dass er das Futter zum Schluss bekommt, fällt es ihm leichter, sich zurückzunehmen und den spannenden Reiz »Futter« auszuhalten.

Für Fortgeschrittene: *Schafft Ihr Hund es, Ihnen leckeres Futter zu apportieren? Starten Sie zum Beispiel mit einer Packung Leckerlis und lassen Sie Ihren Hund diese zu Ihnen bringen (er sollte mit dem Konzept des Apportierens bereits vertraut sein). Klappt das gut, können Sie selbiges mit einem Kauknochen versuchen – selbstverständlich darf der Hund diesen dann auch haben, wenn er ihn Ihnen gebracht hat. Er trainiert damit maximal seine Impulskontrolle.*

Der Unterschied zwischen Impulskontrolle und Frustrationstoleranz? Die beiden Begriffe liegen in der Umsetzung tatsächlich sehr nah beieinander! Vielleicht hilft die folgende Erklärung: Bei der Impulskontrolle darf der Hund seinem Reiz dann auch ab und zu nachgehen, nur eben nicht sofort. Bei der Frustrationstoleranz darf der Hund es nicht.

Informales Lernen

Informales Lernen findet nicht im formalen Rahmen statt – etwa auf dem Hundeplatz –, sondern ungeplant und automatisch im Alltag. Dazu gehören Stimmungsübertragung, Lernen durch Nachahmung und auch die Beißhemmung. Informales Lernen ist wichtig, denn: Wir lernen nicht für den Hundeplatz, sondern fürs Hundeleben! Der Hund lernt nicht nur dann, wenn wir mit ihm trainieren, und dann auch Dinge, die wir im Zweifel nicht so toll finden.

Innere und äußere Reize

... bestimmen, ob eine Handlung eintritt oder nicht. Den inneren Reiz nennen wir oft auch Motivation: Ein hungriger Hund ist motiviert zu fressen und zum Napf zu gehen. Der äußere Reiz wäre hier der gefüllte Napf. Innerer und äußerer Reiz müssen zusammen einen bestimmten Schwellenwert (= gemeinsame Reizintensität) erreichen, damit die Handlung eintritt. Der Hund läuft also nur zum Napf (Handlung), wenn der Appetit (innerer Reiz) groß genug und der Napfinhalt (äußerer Reiz) attraktiv genug ist (siehe Schwellenwert).

Instinkt

Dieser Begriff bezeichnet angeborenes Verhalten, das in manchen Situationen automatisch abläuft und dadurch dem Beutegreifer einen (Schnelligkeits-) Vorteil verschafft, da es »ohne weiteres Nachdenken« zur zielführenden Reaktion führt. Die vier großen Bereiche sind Jagdinstinkt, Sexualinstinkt, Territorialinstinkt und Rudelinstinkt. Bei jedem Hund sind die Instinkte individuell mehr oder weniger stark ausgeprägt. Instinktive Verhaltensweisen können nicht gelöscht, aber abgeschwächt und kontrolliert werden.

Instrumentelle Konditionierung

Während bei der klassischen Konditionierung in erster Linie über das Gefühl des Hundes gearbeitet wird, nutzen wir die instrumentelle Konditionierung, um dem Hund gezielt bestimmte Handlungen und Verhaltensweisen beizubringen, die er bewusst steuern und abrufen kann. Sie ist also im Hundetraining die Lernform Nummer eins.

Drei Komponenten müssen bei einer instrumentellen Konditionierung erfüllt sein:

Reiz +	Reaktion +	Verstärker =	Bedingte Aktion
Leckerli vor der Nase	Hund setzt sich	Hund bekommt Leckerli	Verstärkung der Handlung »Sitz«

Oder:

Reiz +	Reaktion +	Strafe =	Bedingte Hemmung
Braten auf dem Küchentisch	Hund springt Richtung Tisch	wir blocken ihn und sagen »Nein«	springt nicht mehr Richtung Tisch

Verhalten, das wir belohnen, wird also verstärkt; Verhalten, das wir bestrafen, wird gehemmt. Wichtig ist immer, auf das richtige Timing zu achten (0,6 bis maximal 2 Sekunden zwischen Reaktion und Verstärker bzw. Strafe), damit der Hund Verhalten und Belohnung (bzw. Strafe) richtig in Zusammenhang bringen kann. Bitte beachten Sie hier auch die Voraussetzungen, damit Strafe funktioniert (siehe Strafe/K-I-T-Prinzip).

Die Trainingstechnik der instrumentellen Konditionierung nennt sich **Umkonditionierung**. Hierbei trainieren wir ein erlerntes Verhalten in einer bestimmten Situation um, sodass der Hund ein anderes Verhalten zeigt (siehe Umkonditionierung).

Intelligenz

Ist mein Hund schlau? Diese Frage haben wir uns alle schon mal gestellt. Jeder Hund hat ganz unterschiedliche Fähigkeiten, abhängig von seiner Rasse und der vorhandenen Motivation, diese Fähigkeiten auch einzusetzen. Einen Intelligenztest für Hunde gibt es nicht, wir wissen aber, dass Hunde bestimmte kognitive Fähigkeiten besitzen. Dazu gehört die sogenannte Objektpermanenz. Sie besagt, dass Hunde eine Vorstellung von einem Objekt haben, auch wenn sie es nicht mehr sehen oder riechen können. Das ist vor allem beim Jagen wichtig, denn der Hund würde sonst abbrechen, sobald er die Beute nicht mehr riecht oder sieht. Außerdem hat der Hund eine Vorstellung von Raum und Identität – er bewacht sein Territorium. Durch den Einsatz aller Sinne kann er bildhaft-anschaulich denken, durch die äußeren Sinnesreize macht er sich ein Bild von der Welt. Ein besonders schlauer Hund ist nicht unbedingt ein »guter« Hund, da er auch schnell lernt, uns auszutricksen, um an seine Ziele zu kommen.

Intrinsische Verstärkung

... ist Verstärkung, die von innen heraus kommt. Wenn ich ein Verhalten immer wieder positiv verstärke, dabei eine gute Stimmung habe und der Hund merkt, dass sich das richtige Verhalten für ihn maximal lohnt, wird das Verhalten an sich zur Belohnung. Ein zusätzlicher Verstärker – wie ein wildes Spiel oder ein Keks – ist dann nur noch das Sahnehäubchen. Klappt das, haben wir unser Training perfekt angepasst, der Hund hat Spaß am Training an sich.

J

WIE ...

Jagdlich bedingte Aggression

Jagdlich bedingte Aggression wird auch Beutefangverhalten genannt. Jagdverhalten gehört zum Funktionskreis der Nahrungsbeschaffung und nicht zum Aggressionsverhalten. Dennoch lässt sich das Erscheinungsbild des Jagens mit dem einer Aggression gleichsetzen. Es geht um die Bereitschaft, Beute zu packen und zu töten. Problematisch wird das, wenn die Beute nicht mehr Bälle und Spielzeug sind, sondern andere Hunde, Kinder oder auch Erwachsene. Auslöser des Beutefangverhaltens sind meist Fliehen, Schreien, Stürzen oder ruckartige Bewegungen.

Jagdverhalten

Jagdverhalten lässt sich nicht wegtrainieren, aber kontrollierbar machen. Jagen ist für Beutegreifer lebensnotwendig und deshalb von Natur aus für den Hund stark selbstbelohnend. Sein Körper schüttet Dopamin, Adrenalin und Endorphine aus. Jedes Erfolgserlebnis – das kann auch nur ein Hetzen sein –, macht den Hund heißer aufs Jagen. Jagen geschieht, ohne nachzudenken. Ist der Hund bereits am Verfolgen der Beute, kann ihn davon kaum etwas abbringen. Deshalb: Hund beobachten und vorher eingreifen.

Beim Jagdverhalten handelt es sich ganz grundsätzlich um Verhaltenssequenzen und Abläufe aus dem Funktionskreis »Nahrungsbeschaffung«. Dabei können beim (Jagd-)Hund entweder alle oder nur einzelne Elemente dieser Jagdverhaltenskette gezeigt werden.

Wichtig zu wissen ist, dass diese Verhaltenskette automatisch abläuft und dass jede einzelne Handlung daraus (!) für den Hund sehr selbstbelohnend ist. Der Hund muss nicht erst Beuteerfolg haben, damit Jagdverhalten selbstbelohnend ist.

Die Jagdverhaltenskette ist genetisch fixiert. Grob legen wir dabei die Bereiche **Finden, Fangen, Töten, Fressen** fest.

Wie anfangs erwähnt, geht es hier vorrangig um die Beschaffung von Nahrung. Warum zeigt der Jagdhund dann auch Jagdverhalten, wenn er gerade nicht hungrig ist? Dafür gibt es verschiedene Theorien:

FINDEN

Ungerichteter Suchlauf
Der Hund hat noch keine Spur gerochen/Beute erblickt und geht seines Weges.

Taxis
Der Moment der Kontaktaufnahme mit der Beute (Sichtreiz, geruchlicher Reiz, Spur etc.). Hier bleibt uns in der Regel ein kleines Zeitfenster, um zu reagieren.

Fangen

Gerichteter Suchlauf
Das gezielte Verfolgen dieses Kontakt-Reizes.

Hetzen
Das Verfolgen der sichtbaren Beute.

Packen
Das Ergreifen der Beute.

Töten

Das Töten der Beute durch Schütteln, Krüppelbiss etc.

FRESSEN

Das Verzehren der Beute.

- Der Jagdhund wurde darauf selektiert, für uns immer und jederzeit als Jagdhelfer zur Verfügung zu stehen – er braucht für seinen Job also eine nicht endende Jagdmotivation.
- Auch der Wolf jagt, wenn er nicht hungrig ist und sich eine Gelegenheit bietet, denn Nahrung ist knapp und er weiß nicht, wann sich die nächste Beute finden lässt. Wölfe sind begrenzt in der Lage, Nahrungsvorräte anzulegen.
- Elemente der Jagdverhaltenskette unterliegen einem »Trieb«, ja einem inneren Bedürfnis. Sie laufen selbstständig und ohne Beteiligung der Großhirnrinde (auch genannt Neocortex, zuständig für überlegtes, bedachtes Handeln, Vernunft) ab. Die Ausführung der Jagdelemente geben dem Hund ein gutes Gefühl. Das liegt vor allem an den hormonellen Abläufen, die dabei stattfinden.

Dopamin und Endorphine

Dopamin ist ein Neurotransmitter im Gehirn, also ein Botenstoff zwischen zwei Nervenzellen, und sorgt für die schon erwähnte selbstbelohnende Eigenschaft von Jagdverhalten. Es ist unter anderem für das Belohnungssystem im Gehirn verantwortlich. Führt der Hund Elemente der Jagdverhaltenskette aus, wird also Dopamin ausgeschüttet; das wirkt belohnend und macht Lust auf Wiederholungen. Hier laufen Sucht-ähnliche Prozesse ab.

Der Cocktail an Dopamin und Stresshormonen (Adrenalin und Noradrenalin) sorgt dafür, dass der Hund während des Ablaufs der Jagdverhaltenskette immer weniger ansprechbar wird. Das limbische System ist jetzt hochaktiv, es ist der Bereich des Hirns, der für Emotionen und schnelle Reaktionen zuständig ist. Das limbische System startet Reflexe, die überlebensnotwendig sind und trifft Entscheidungen, bei denen keine Zeit zum rationalen Überlegen bleibt. In der Regel stehen limbisches System und Neocortex (der Hirn-Bereich der Vernunft) im ständigen Austausch. Durch die Ausschüttung von Stresshormonen wird der Austausch vom Neocortex zum limbischen System blockiert. Es laufen nur noch Informationen vom limbischen System in den Neocortex, das heißt: Der Verstand wird ausgeschaltet. Die Hunde reagieren nicht mehr auf unsere Signale, sind im »Jagdrausch«.

Das gehört alles zum Jagdverhalten

Oft wird Jagdverhalten unbewusst gefördert, weil Elemente der Jagdverhaltenskette nicht erkannt oder unterschätzt werden. Die Klassiker sind hierbei das unkontrollierte Bällchen-Werfen bereits in jungen Jahren, den Hund Vögel aufscheuchen oder Schmetterlinge verfolgen lassen, das »Spielen« mit Schattenlichtern, Buddeln nach Mäusen oder das Fixieren oder Anschleichen bei Hundekontakt. Es muss also nicht immer erst das Hetzen des Wildes sein – Jagdverhalten beginnt schon viel früher.
Beobachten Sie Ihren Hund genau und lernen Sie ihn besser kennen. Wie sieht mein Hund aus, wenn er etwas wahrnimmt (Taxis)? Reagiert er eher auf Spuren oder auf Sichtreize? Ist er bereits im Suchlauf, wenn wir das Haus verlassen/den Wald betreten? Wann ist der Punkt erreicht, an dem mein Hund kaum oder nicht mehr ansprechbar ist? Kann ich vorher eingreifen? Schafft mein Hund es, den Beutereiz ruhig zu beobachten?

Braucht er ggf. mehr Distanz zum Reiz? Wo kann ich mit dem Training ansetzen?

Hunderassen und Selektion

Bei verschiedenen Hunderassen wurden Elemente der Jagdverhaltenskette durch Zuchtselektion unterschiedlich geformt und sind – je nach Rasse – ausgeprägter oder weniger ausgeprägt vorhanden. Das Fressen wurde gänzlich wegselektiert und wird von Hunden kaum noch ausgeführt (nun, das trifft vielleicht bei Mäusen nicht immer ganz zu).

Bei Hütehunden zum Beispiel wurde das Fixieren und Anschleichen in der Zucht verstärkt (ja, auch Hütehunde zeigen Jagdverhalten). Die typische Haltung mit tiefem Kopf, starrem Blick und langsamem Vorwärtsbewegen der Hüter ist Teil der Jagdverhaltenskette.

Bei Vorstehhunden geht es ebenfalls viel um das Fixieren – es wurde der Moment der Taxis (also der Moment der Wahrnehmung der Beute) extrem verlängert.

KIT(A)-Prinzip

Ein sicheres Abbruch-Signal ist im Hundetraining unerlässlich (siehe Strafe). Dabei sind vier Elemente unbedingt notwendig:

1. **Konsequenz:** Ich breche das unerwünschte Verhalten immer ab.
2. **Intensität:** Ich agiere streng genug, um für einen Abbruch zu sorgen, und sanft genug, um den Hund nicht einzuschüchtern.
3. **Timing:** Ich breche das Verhalten immer dann ab, wenn der Hund gerade dabei ist, damit zu beginnen.
4. **Alternative:** Nach dem Abbruch zeige ich meinem Hund ein Alternativverhalten und lobe ihn dafür, wenn er es umsetzt.

Ein Beispiel: Der Hund soll nicht auf die Couch. Ich breche sein Verhalten jedes Mal (Konsequenz) in dem Moment ab, in dem er ansetzt, auf die Couch zu springen (Timing), und nutze dazu ein strenges »NEIN!« (Intensität). Dann sage ich ihm, dass er sich auf sein Hundebett legen soll (Alternative) und lobe ihn ausgiebig dafür, wenn er dem nachkommt.

Klassische Konditionierung

Bei der klassischen Konditionierung geht es – im Unterschied zur instrumentellen Konditionierung – um Reflexe und Gefühle, also Dinge, die für unseren Hund nicht steuerbar sind.

Folgt also auf einen Click (neutraler Reiz) immer ein Leckerli (appetitiver Reiz), wird nach einigen Wiederholungen bereits der Click das gute Gefühl auslösen, nicht erst das Leckerli. Der neutrale Reiz (Click) wird zum konditionierten Reiz (er sorgt dafür, dass der Hund sich gut fühlt).

Genauso funktioniert das natürlich in die unangenehme Richtung. Folgt jedes Mal auf einen Piepston ein Stromschlag, wird recht bald bereits der Piepston ein schlechtes Gefühl (Angst) beim Hund auslösen.

Neutraler Reiz	+	Appetitiver Reiz 🙂	=	Bedingte Appetenz (Gutes Gefühl)

Oder:

Neutraler Reiz	+	Aversiver Reiz 🙁	=	Bedingte Aversion (Blödes Gefühl)

Der neutrale Reiz wird zum konditionierten Reiz, indem er bereits das gute oder schlechte Gefühl auslöst (siehe Pawlowscher Hund).

Ein Beispiel aus der Kindheit: Wenn der Eismann kommt, hört man, wie seine charakteristische Musik ihn ankündigt. Auch heute noch löst diese Melodie ein positives Gefühl bei uns aus!

Auf der anderen Seite erschrecken kriegsgebeutelte Menschen auch noch vor einem Fliegeralarm, wenn sie längst in Sicherheit sind. Der Alarm ist klassisch konditioniert und unsteuerbar verankert. Die Trainingstechnik, mit der wir am Gefühl und somit an der klassischen Konditionierung arbeiten, nennt sich **Gegenkonditionierung**.

Kleinstmögliche Belohnung

Führt der Vierbeiner eine Handlung nicht völlig falsch, aber auch nicht komplett richtig aus, können wir mit etwas weniger Futter oder weniger überschwänglich loben. Macht er es richtig, erhöhen wir die Intensität der Belohnung deutlich.

Kluger-Hans-Effekt

Herr von Osten dachte, dass sein Pferd »Hans« rechnen kann. Er stellte ihm Rechenaufgaben und Hans scharrte das richtige Ergebnis mit den Hufen. Tatsächlich war es aber so, dass Herr von Osten immer so lange die Luft anhielt, bis das richtige Ergebnis da war. Das tat er unbewusst, das Pferd nahm dies aber wahr und scharrte einfach immer so lange, bis sein Herrchen sich wieder entspannte – rechnen konnte Hans nicht.

Und die Moral von der Geschicht'?

Wir haben im Training immer einen Einfluss auf unsere Hunde – ob bewusst oder unbewusst. Unsere Hunde kennen uns sehr gut (sie beobachten uns ja schließlich den ganzen Tag) und können die winzigsten Details wahrnehmen und als Signale verstehen oder nutzen. Beim Mantrailing spielt dieser Effekt eine große Rolle, daher gibt es hier sogenannte Double-Blinds – das heißt: Weder Halter noch Helfer wissen, wo sich die Versteckperson befindet. So kann niemand den Hund (unbewusst) beeinflussen.

Auch für die Wissenschaft ist der »Kluge-Hans-Effekt« von großer Bedeutung, da bei Versuchsaufbauten immer die (unbewusste) Beeinflussung des Hundes von außen berücksichtigt werden muss.

Kognition

Kognition bezeichnet die Denkfähigkeit des Hundes. Es geht um alle Prozesse, durch die ein Lebewesen Kenntnisse erwirbt, Informationen verarbeitet und sich ein Bild von der Welt macht. Zum Denken gehören unter anderem: Wahrnehmen, Erkennen, Vorstellen, Lernen, Assoziieren und Probleme lösen. Menschen denken symbolhaft-abstrakt. Wir erlernen also Symbole und Begriffe dauerhaft und können dadurch mehrere Lösungswege durchspielen und weiterführende Ergebnisse erzielen. Hunde hingegen sind nur begrenzt dazu in der Lage, abstrakt zu denken.

Das können Hunde denken

Der Hund hat in die Wohnung gemacht und der Halter kommt zurück. Der Hund denkt: Letztes Mal, als ein Haufen in der Wohnung lag und der Mensch nach Hause kam, war er böse mit mir – also zeige ich Demutsverhalten.

Das können Hunde NICHT denken

Der Mensch findet meinen Haufen unangenehm und ich finde es blöd, wenn er mich alleine lässt. Deshalb bestrafe ich meinen Menschen mit einem Kothaufen, dann wird er mich nicht mehr alleine lassen.
(Zumindest gilt dies so nach unserem aktuellen Kenntnisstand!)

Kommunikation

SO KOMMUNIZIEREN UNSERE HUNDE

Auch wenn Hund und Mensch vieles eint – auf einer Ebene agieren beide grundverschieden: auf der Ebene der Kommunikation. Während wir Menschen in erster Linie digital kommunizieren, nämlich mithilfe von Sprache, läuft die hündische Kommunikation vollkommen analog ab und basiert auf Körpersprache und Mimik. Kein Wunder also, dass sich im Miteinander von Hund und Mensch immer wieder Missverständnisse ergeben. Das Gute: Hunde können extrem gut interpretieren, sie lernen schnell und sind Meister in der Wahrnehmung von Stimmungen.

So geht »hündisch«

Grundsätzlich kommunizieren Hunde auf vier verschiedene Arten und Weisen. Im Zentrum steht dabei immer die Körpersprache, wobei wir alle Signale in ihrer Gesamtheit werten müssen, um die Vierbeiner richtig zu verstehen:

1. **Optisch (körpersprachlich):** z. B. durch Positionierung des eigenen Körpers, Körperhaltung, Körperspannung, Einsatz von Ohren, Nackenfell, Rute, sowie Nasenrücken, Augen und Lefzen
2. **Akustisch (Lautäußerungen):** z. B. durch Knurren, Bellen, Jaulen, Winseln oder Brummen
3. **Olfaktorisch:** z. B. durch Markieren mit Kot und Urin, Ausdünstungen und Geruchsstoffen
4. **Taktil:** durch Berührungen, z. B. Anrempeln, Ablecken oder Aufreiten

Der neutrale Hund
Ein entspannter Hund steht aufrecht, die Rute hängt locker herab und der Kopf ist leicht angehoben. Die Ohren sind aufrecht und nach vorn gerichtet, der Blick ist sanft, das Gesicht entspannt.

Die wichtigsten körpersprachlichen Kommunikationsmittel im Überblick
Die Rute ist ein echtes Stimmungsbarometer. Anders als oft vermutet, bedeutet Schwanzwedeln nicht nur Freude, sondern grundsätzlich Erregung. Mit einer erhobenen Rute möchte der Hund sich groß machen; das geschieht entweder aus Unsicherheit oder aus Imponiergehabe und beim Drohen. Eine unter dem Bauch versteckte Rute zeugt von Angst, Unsicherheit und Demut. Eine tief schwanzelnde Rute wird hingegen oft zur Begrüßung gezeigt. Besonders schnelles Wedeln ist einer hohen Erregungslage geschuldet – das kann sowohl positive als auch negative Erregung sein.

Die Maulspalte: Ob ein Hund bei agonistischen Verhaltensweisen aus Abwehr oder Vorsatz handelt, ist unter anderem an der Maulspalte zu erkennen. Die Maulspalte ist die Form, welche die Lippen des Hundemaules formen. Sind die Lippen langgezogen und bilden eine lange, gerade Maulspalte, ist das ein Zeichen für Demut und Beschwichtigung. Der Hund kann trotz langer Maulspalte die Zähne blecken und knurren, tut dies dann aber aus Abwehr. Ist die Maulspalte kurz und die Lippen sind rundlich nach vorne gerichtet, kann von offensivem, vorsätzlichem Drohverhalten ausgegangen werden.

Die Ohren: Nach vorne gestellte Ohren sind in erster Linie ein Zeichen für Aufmerksamkeit. Bei selbstsicherem Auftreten oder offensivem Drohen gehen die Ohren ebenfalls nach vorn. Angelegte Ohren deuten Beschwichtigung oder einen Rückzug an. Tief hängende Ohren weisen oft auf Unwohlsein hin.

Das Rückenfell: Häufig als Aggressionszeichen missverstanden, wird das Rückenfell in erster Linie aus einem Erregungszustand heraus aufgestellt. Auch hier steht wieder das »Groß-Machen« im Vordergrund – sei dies aus Unsicherheit, zum Imponieren oder auch als Drohgebärde. Selbstsichere Hunde stellen meist nur das Nackenfell. Manche Hunde haben aus Aufregung das Nackenfell sogar im Spiel erhoben.

Die Augen: Hunde kommunizieren viel über die Augen. Ein starrender, fixierender Blick ist nie gut – er deutet auf ein offensives Drohen hin. Selbst beim Imponierverhalten geht der Blick eher zur Seite. Durch Wegschauen beschwichtigt der Hund, durch Augenkontakt signalisiert er Aufmerksamkeit. Und natürlich kennen wir alle den unschlagbar treudoofen Hundeblick, den der Hund gelernt hat, gezielt einzusetzen, um uns zu manipulieren und alles zu bekommen, was er will.

Kommunikation unter den Rassen
Eine große Herausforderung für Hunde untereinander ist die Kommunikation mit unterschiedlichsten Rassen. Viele Kommunikationsmittel wurden durch die Zucht modifiziert oder schlicht weggenommen. Dadurch spricht jeder Hund eine etwas andere »Sprache«. Einige dieser Zucht- oder Modifikationsmaßnahmen

können zu großen Missverständnissen führen. Eine kupierte Rute sieht für Artgenossen etwa so aus, als wäre die Rute zwischen den Beinen versteckt, was als Angst fehlinterpretiert werden kann. In Wirklichkeit hat der Hund die Rute aber vielleicht hoch erhoben, das ist nur nicht sichtbar. Dann gibt es die Rassen, die ihre Rute dauerhaft oben tragen, wie Mops oder Appenzeller. Sie können auf Artgenossen so wirken, als würden sie durchgehend imponieren. Kurzschnäuzige Hunde sorgen mit ihren dicken breiten Schnauzen, ihrem starren Gang und ihren schnaufenden, grunzenden Geräuschen für Kommunikationsprobleme. Extreme Schlappohren wie bei Spaniels und Bassets lassen fast keine Bewegungen zu und bei Hunden mit extrem viel Fell, wie Bobtail oder Puli, wird der direkte Blick auf Gesicht und Augen verdeckt.

Hier wird noch einmal bewusst, wie wichtig die Gesamtheit aller Kommunikationsmittel des Hundes ist, um seinen Ausdruck zu verstehen. Im Idealfall bringen Sie Ihren Hund schon früh mit gut sozialisierten Artgenossen unterschiedlichster Rassen in Kontakt, damit er lernt, die unterschiedlichen Arten der Kommunikation richtig zu deuten. Missverständnisse können sich übrigens auch aufgrund von Kleidungsstücken ergeben, die wir dem Hund in gut gemeinter Absicht anziehen. Übertrieben auffällige Jacken oder Accessoires können auf andere Hunde irritierend wirken.

Wann wird noch gespielt und wann greife ich besser ein?

Ein gerechtes Spiel ist ausgeglichen. Das bedeutet, dass beim Fangenspielen abwechselnd jeder einmal der Jäger und der Gejagte ist. Beim Rangeln auf dem Boden hat mal der eine, mal der andere Hund die Oberhand. Beim Sozialspiel mit einem Objekt, also zum Beispiel einem Zergel, wird der Hund mit dem Zergel immer darauf achten, dass sein Mitspieler auch die Möglichkeit hat, das Spielzeug zu schnappen. Gerade in der Gruppe kann Spiel zu Mobbing werden. Sie sollten deshalb eingreifen, wenn ein Hund von mehreren gejagt wird, wenn ein Hund seinen Spielkameraden nicht mehr aufstehen lässt oder wenn das Spiel zu wild wird und die Stimmung zu kippen droht. Meist reicht dabei eine kurze Auszeit. Wenn nicht, sollte der Hundehalter das Spiel jedoch ganz beenden.

Kommunikation Mensch-Hund

Für uns Menschen steht die verbale Kommunikation im Fokus. Bewusst verständigen wir uns in erster Linie mit Worten, erst zweitrangig und meist unbewusst nutzen wir Gestik und Mimik. Bei unseren Vierbeinern ist das anders: Sie lesen vor allem die Körpersprache. Genau deshalb hat es der Hund oft nicht ganz so leicht, uns Menschen zu verstehen. Wir neigen dazu, viele Worte auch gegenüber unserem Hund zu verwenden. Zu dessen Verwirrung verhalten wir uns zudem häufig widersprüchlich, indem wir mit unserer Körpersprache etwas anderes ausdrücken, als wir stimmlich sagen.

Paradebeispiel Abruf

Die für diese Problematik bekannteste Situation ist das Heranrufen. Wir rufen unseren Hund mit freundlicher Stimme ab, aber beugen uns gleichzeitig herunter. Aus Hundesicht gleicht das einer Bedrohung. Unser Körper sagt also »Halt dich fern von mir!«, während wir eigentlich das Gegenteil vom Hund verlangen. Es ist wenig verwunderlich, dass viele Hunde auf halbem Wege

	SPIEL	ANGST/ UNSICHERHEIT	ABWEHR	FREUDE	AUFREGUNG/ STRESS
RUTE	*leicht wedelnd*	*unter den Bauch gezogen*	*unten*	*mittig, wedelnd*	*mittig oder oben, stark wedelnd*
AUGEN	*übertrieben aufgerissen*	*blinzelnd, vermeidet Blickkontakt*	*vermeidet Blickkontakt*	*freundlicher Blick*	*aufgerissen, große Pupillen*
OHREN	*locker seitlich*	*hängen, nach hinten*	*angelegt*	*seitlich oder aufgestellt*	*nach vorn*
MAUL	*spielerisch weit offen*	*lange Maulspalte*	*lange Maul-spalte, gekräuselt, Zähneblecken*	*leckt zur Begrü-ßung Hände oder Gesicht*	*geöffnet, Hund hechelt*
KÖRPERSPAN-NUNG	*entspannt*	*zittert, starr*	*angespannt*	*entspannt*	*angespannt*
NACKENFELL	*kann teilweise aufgestellt sein, aber nicht dauerhaft*	*nicht aufgestellt*	*aufgestellt*	*nicht aufgestellt*	*aufgestellt*
KÖRPER	*Vorderkörper-tiefstellung*	*fällt in sich zusammen, geduckt*	*nach hinten unten auf Rückzug*	*viel Bewegung hüpfend*	*steif oder zitternd*
MÖGLICHE LAUT-ÄUSSERUNGEN	*Bellen, evtl. beim gegenseitigen Hetzen oder zur Aufforderung*	*Winseln*	*Bellen, Knurren*	*Bellen, Jaulen*	*Bellen, Jaulen, Winseln*

Hinweis: Die Tabelle stellt die Zusammenhänge sehr vereinfacht dar! Der Blick auf den individuellen Hund und die Gesamtheit der Ausdruckselemente muss immer gewahrt werden.

wieder abdrehen, um auf die Körpersprache des Menschen zu reagieren. Besonders häufig passiert das, wenn der Hund noch sehr jung ist oder Mensch und Hund erst seit Kurzem zusammenleben, die beiden sich also noch nicht so gut kennen und einschätzen können.

Mit der Zeit lernen viele Hunde, mit solch widersprüchlichen Momenten umzugehen. Sie wissen, dass ihre Menschen das mit der Körpersprache nicht so meinen und schaffen es, sich hauptsächlich an den stimmlichen Signalen zu orientieren. Es besteht also durchaus ein Unterschied zwischen der Kommunikation mit dem eigenen Hund, der gelernt hat, uns zu »lesen« und fremden Hunden. Haben Sie jedoch einen sensiblen Hund, kann es auch passieren, dass diese Widersprüche langfristig eine ungünstige Auswirkung auf die Verständigung haben und beispielsweise dazu führen, dass Signale nicht zuverlässig ausgeführt werden. Und das sorgt für Frust. Reflexion ist der Schlüssel.

Wie können wir es also unseren Hunden leichter machen, uns zu verstehen? Zunächst ist es hilfreich, das eigene Verhalten in Alltags- ebenso wie in Trainingssituationen zu beobachten und zu reflektieren. Was sage ich? Was soll mein Hund tun? Und was drücke ich aus Hundesicht tatsächlich mit meinem Verhalten aus? Je mehr wir uns darüber bewusst werden, desto gezielter können wir unsere Körpersprache nutzen.

Die richtige Körperhaltung

Aber wie wird unsere Körpersprache für unsere Hunde besser verständlich? Ähnlich wie in der Situation des Abrufs bewegen wir uns oft unbewusst auf – aus Hundesicht – bedrohlich wirkende Art und Weise, die den Hund verunsichert:

- vorbeugen
- herunterbeugen
- über den Hund beugen
- festes In-die-Augen-schauen
- teilweise auch schon das Frontal-zum-Hund-Stehen

Besser ist es, neutrale oder sogar einladende Körperhaltungen einzunehmen, die oft schon kleine Wunder bewirken können.

- gerade stehen bleiben
- sich leicht vom Hund wegdrehen
- am Hund vorbeischauen, statt in die Augen oder auch
- in die Hocke gehen

Ein Hund, der in seinem Leben noch nichts Schlechtes erlebt hat, der also keine negativen Erfahrungen mit Menschen gemacht hat, wird nicht in Panik verfallen, wenn der Mensch ihn durch seine Körperhaltung unbewusst bedroht. Dinge wie das Herunterbeugen stecken selbstsichere Hunde durchaus weg.

Unsichere Hunde

Für einen Hund, der womöglich aus dem Tierschutz kommt und in seinem Leben nicht so viel Glück hatte, mögen die genannten Situationen sehr unschön sein. Wurde er früher geschlagen oder hat Ähnliches erlebt, gibt es für ihn Grund genug zu befürchten, dass nach solch einer Drohung des Menschen schlimme Konsequenzen folgen. Dieser Hund könnte dann viel heftiger auf die versehentliche körpersprachliche Drohung reagieren als der behütet aufgewachsene, umsorgte Vierbeiner. Nehmen Sie einen Hund mit Vorgeschichte aus dem Tierschutz auf, sollten Sie sich Ihre Körpersprache noch bewusster machen. Gerade bei ängstlichen Hunden reichen oft schon Kleinigkeiten, wie schnelle Bewegungen oder ein Blick in die Augen, um sie stark zu verunsichern. Ein Familienhund hingegen, der von klein auf alle Menschen und Tiere als nett und herzlich kennengelernt hat, wird auch eigentlich ungünstige körpersprachliche Signale seiner Gegenüber als ungefährlich einstufen. Er hat gelernt, dass Menschen sich eben manchmal so verhalten. Ein Familienhund würde es vermutlich sogar dulden, von seinen »kleinen« Menschen, den Kindern der Familie, umarmt zu werden.

Achtung: Die meisten Hunde empfinden Umarmungen dennoch als bedrängend und fühlen sich dabei sehr unwohl!

Vorsicht, mir gefällt das nicht!

Kann der Hund sich einer für ihn unangenehmen Situation nicht entziehen, zeigt er im Normalfall durch optische Signale, dass es ihm zu viel ist. Dazu zählen Stressanzeichen wie Hecheln, Gähnen, vergrößerte Pupillen oder plötzliches starkes Haaren oder Schuppen. Viele Hunde zeigen auch ein Verhalten, das deeskalierend wirken soll. Sie lecken sich zum Beispiel über die Schnauze, wenden ihren Kopf ab oder versuchen, sich der Situation zu entziehen (siehe Calming Signals). Nützt das alles nichts, kann es sein, dass der Hund beginnt zu drohen, um eine Distanzvergrößerung zu erreichen, etwa indem er knurrt und die Lefzen hebt. Werden auch diese Kommunikationsversuche ignoriert oder nimmt das Gegenüber sie nicht wahr, kann es passieren, dass der Hund noch deutlicher wird und womöglich schnappt oder gar beißt – aus Hundesicht ein korrektes hündisches Verhalten, da er ja vorher alles andere bereits probiert hat. Um es nicht so weit kommen zu lassen, ist es wichtig, sich mit dem hündischen Ausdrucksverhalten auseinanderzusetzen.

So kommunizieren unsere Hunde

• **Trainingstipp:** Sprechen, ohne zu reden

Versuchen Sie doch einmal, weniger Worte im Alltag mit Ihrem Hund zu verwenden und dafür mehr auf Ihre Körpersprache zu achten sowie diese bewusst einzusetzen. Vielleicht hilft es Ihnen ja dabei, die Kommunikation mit Ihrem Hund zu erleichtern und zu verbessern. •

DAS MACHT DER MENSCH	DAS VERSTEHT DER HUND
Anstarren	*Bedrohung*
Vorbeugen, über den Hund beugen	*Bedrohlich, einschüchternd*
Redet ohne Punkt und Komma	*Kommandos werden nicht mehr erkannt, Hund schaltet ab, hört nicht mehr zu*
Auf den Kopf tätscheln	*Unangenehm, im schlimmsten Fall Bedrohung*
Wilde Bewegungen der Arme und Beine (bei Kindern)	*Einladung zum Jagen und Schnappen*
Den Hund hochnehmen	*Kann unangenehm sein, Hilflosigkeit, Kontrollverlust*
Spannt die Leine bei Hundebegegnungen/ zieht den Hund zurück	*Einschränkung der hündischen Kommunikation/Verfälschung der Kommunikation, kann zur Eskalation führen*

• Trainingstipp: Welche Signale nutzen Sie?

Welche Signale nutzen Sie eigentlich im Zusammenleben mit Ihrem Hund? Nehmen Sie sich kurz die Zeit und fassen Sie alle akustischen und körpersprachlichen Signale auf einem Blatt Papier zusammen. Verfassen Sie eine möglichst detaillierte Beschreibung davon, was Sie bei welchem Signal eigentlich genau von Ihrem Hund sehen wollen. Schreiben Sie auch dazu, wie lange dieses Verhalten gezeigt werden soll. Ganz schnell wird uns bei dieser Aufgabe bewusst, wie unklar wir manchmal in unserer Kommunikation unseren Hunden gegenüber sind und wie viel der eigenen Interpretation des Hundes obliegt. Vielleicht können Sie die Liste auf ein paar wenige Signale begrenzen, die Ihnen wirklich wichtig sind und an deren Klarheit und Umsetzung Sie arbeiten möchten. •

Körpersprache

Nadia Winter

www.minddog.training

Die Körpersprache ist die wichtigste Kommunikationsgrundlage eines Hundes. Sie ist sicherlich leichter zu deuten als die des Menschen und trotzdem wird vieles immer noch vom Menschen falsch interpretiert und missverstanden. Eines der wichtigsten Kommunikationsmittel ist die Rute. Gerne wird Schwanzwedeln als Zeichen höchster Freude gedeutet, jedoch ist es häufig Konflikt und Erregung. Es ist wichtig, den Hund als Ganzes zu sehen. Viele Merkmale müssen Sie im Kontext und Zusammenspiel mit anderen Kommunikationsmerkmalen sehen.

Sie sollten lernen, Ihren Hund zu lesen. Nur so können Sie Missverständnisse aus dem Weg räumen und das Verhalten des geliebten Vierbeiners richtig beurteilen. Wenn Ihr Hund mit der Rute wedelt, können Sie zunächst einmal von einer Erregungslage ausgehen – ob negativ oder positiv. Der Hund ist aufmerksam und der Rest des Körpers zeigt, was der nächste Schritt sein wird. Treffen zwei Rüden aufeinander, wird die Rute häufig stolz nach oben genommen. Die Nackenhaare stellen sich auf und die Kontrahenten versuchen sich auf diese Weise größer zu machen: Sie zeigen Imponierverhalten. Auch gut beobachten können Sie eine aufrecht wedelnde Rute, die dem anderen Rüden mitteilt: »Ich möchte keinen Ärger! Aber das ist mein Revier.« Ein Imponiergehabe des Rüden können Sie allerdings auch beim Antreffen einer hübschen Hündin sehen. Der Rüde stellt den Schwanz hoch und macht sich somit größer und imposanter für die Angebetete. Er will ihr gefallen. Von Aggressivität und hoher Anspannung können Sie ausgehen, wenn der Hund dabei sein Gegenüber fixiert und die Rute langsam wedelt. Der Körper wirkt steif. Viele Menschen berichten uns dann im Verhaltenstraining: »Der hat eben noch mit dem Schwanz gewedelt und ist dann auf ihn losgegangen.« Dabei handelt es sich um eine klassische Fehlinterpretation: Diese Situation hat nichts mit Freude zu tun. Auch beim Betreten eines fremden Grundstückes kann es zu solchen Situationen kommen. Beobachten Sie daher fremde Hunde genau!

Zu einer unangenehmen Situation ist es einmal auf unserem Grundstück mit meiner Kangal-Hündin gekommen. Sie stand im Garten. Die

Nachbarn hatten sich einen Kangal-Rüden zugelegt. Beide Hunde haben sich offenbar schwanzwedelnd am Tor begrüßt. Fatalerweise haben sie dies als Freude interpretiert und öffneten das Tor – ohne unser Beisein. Beide Hunde sind sofort aufeinander losgegangen. Wedelt der ganze Körper mit dem Hund, dann können wir von Freude ausgehen. Wenn der Hund das freudige Gesicht dabei zeigt und manchmal auch unruhig von einem Bein auf das andere tritt, dann können wir wirklich von Freude sprechen. Übrigens: Auch Hunde ohne Rute können Sie wedeln sehen, da schwingt meist das ganze Hinterteil mit oder einzelne verbliebene Glieder. Klemmt der Hund hingegen die Rute ein, dann zeigt er ein unterwürfiges Verhalten. Mit der eingeklemmten Rute verhindert er, dass Duftmarken gesendet werden. Der Vierbeiner möchte damit verhindern, unnötige Aufmerksamkeit auf sich zu ziehen. Hunde, die ihre Ohren weit nach hinten klappen, zeigen Unsicherheit und eventuell auch Angst. Ohren, die muschelförmig seitlich vom Kopf offenstehen, zeigen demütige Freude. Ohren, die steil nach oben und nach vorn gerichtet sind, zeigen einen aufmerksamen Hund. Behalten Sie Ihren Hund dann gut im Auge, denn hier kann er kurz vor der Jagd stehen!

Mag man den Untersuchungen der Universität Trento in Italien glauben, dann zeigt die Richtung des Schwanzwedelns die Stimmung des Hundes an. Ein Hund mit einem nach links gerichteten Schwanzwedeln zeigt eher negative Gefühle, freudig hingegen werden Frauchen und Herrchen mit einem rechts gerichteten Schwanz begrüßt.

Hunde sind gute und aufmerksame Beobachter. So können Sie unsere menschlichen Gefühlsregungen und -schwankungen gut lesen und deuten. Genauso sollten auch Sie genau auf die Körpersprache Ihrer (und auch fremder) Hunde achten. Unschöne und schmerzhafte Missverständnisse können so vermieden werden.

Konditionierung

Konditionierung beschreibt ein Lernen durch Assoziation, womit der Hund sein Verhalten zur Optimierung des eigenen Wohlbefindens anpasst. Der Hund kann zwei Ereignisse, die gleichzeitig oder sehr kurz nacheinander stattfinden, miteinander in Verbindung bringen. Tritt eine bestimmte Assoziation häufig auf und der Hund ändert daraufhin sein Verhalten, sprechen wir von einer Konditionierung. Diese Assoziation ist dann fest im Gehirn verankert und das Verhalten wird automatisch abgespielt. Wir nutzen diese Fähigkeit im Training – aber Achtung: auch ungewollte Assoziationen können dabei entstehen!

Gewünschte Konditionierung: Jedes Mal, wenn wir den Hund rufen, bekommt er einen Keks. Er wird verstehen, dass sich das Kommen für ihn lohnt und seinen Keks abstauben (siehe: Instrumentelle Konditionierung).

Ungewünschte Konditionierung: Der Hund rennt versehentlich in den Stromzaun einer Kuhweide. Von da an hat er Angst vor Kühen, da er sie mit dem Schmerz verknüpft hat, zu dem der Stromschlag führte (siehe: Klassische Konditionierung).

Wir unterscheiden im Hundetraining zwischen **klassischer, instrumenteller und operanter Konditionierung**. Die klassische Konditionierung nutzen wir vor allem, um am Gefühl des Hundes zu arbeiten. Es handelt sich um die Modifizierung eines Verhaltens, das vom Hund nicht unmittelbar beeinflussbar ist (Gefühl, Reflex, Speichelfluss).

Mit der instrumentellen Konditionierung hingegen bringen wir dem Hund eine bestimmte Handlung bei, die immer wieder abrufbar ist (Signale wie »Sitz«, »Platz« etc.). Im Prinzip läuft die operante Konditionierung genau wie die instrumentelle. Hier soll der Hund aber durch eigenes Ausprobieren (Trial-and-Error-Prinzip) auf das gewünschte Verhalten kommen (siehe Assoziation/Instrumentelle Konditionierung/Klassische Konditionierung).

Kontextabhängiges Lernen

Lernt der Hund ein neues Signal, lernt er dabei alles mit, was in diesem Moment um ihn herum passiert. Dabei handelt es sich um Faktoren wie Gestik, Ort, Zeit, Person, Stimmung der Person oder Umweltreize. Ziel ist aber, dass der Hund ortsunabhängig immer und überall das gewünschte Signal ausführen kann. Damit das zuverlässig funktioniert, müssen wir das Signal an den unterschiedlichsten Orten und zu verschiedensten Gegebenheiten üben. So wird das Signal generalisiert und ist unabhängig einsetzbar. Trainieren wir zum Beispiel nur auf dem Hundeplatz, wird unser Hund auch nur dort die Signale fehlerfrei ausführen (siehe Generalisierung).

Krankhafte Aggression

Neben normalem Aggressionsverhalten, das zum allgemeinen Verhaltensspektrum des Hundes und zur sozialen Regulation gehört, gibt es auch unangemessenes Aggressionsverhalten. Wir sprechen dabei auch von krankhafter Aggression oder Hyperaggression. Die Merkmale: Die Reaktion fällt unverhältnismäßig stark aus oder die Aggression wird völlig ohne Auslöser gezeigt; fehlende strukturierte Sequenzen des Aggressionsverhalten; fehlende Drohphase oder Drohphase erst nach der Aggression. Die Ursachen können organische Erkrankungen, neurologische Störungen, ein Tumor, eine Infektion, Schmerz und vieles mehr sein. Krankhafte Aggression kann auch das Ergebnis einer instrumentellen Konditionierung sein, etwa durch unbewusste Bestätigung (siehe Aggression).

L

WIE …

Latentes Lernen

Das Wort »latent« steht hier für »unbewusst«. Latentes Lernen läuft permanent und pausenlos. Vorkommnisse im Alltag, gemeinsame Erlebnisse, Schönes, Erschreckendes, Angenehmes, Überraschendes – alles speichert der Hund als gemachte Lernerfahrung ab und zieht daraus seine Schlüsse für weiteres Verhalten und Anpassungen. Auch im Schlaf findet Latentes Lernen statt, indem der Hund seine Erlebnisse verarbeitet. Genug Schlaf ist also wichtig – vor allem für Welpen und Junghunde. Sie arbeiten dann Erlerntes auf.

Latenzzeit

... ist die Zeit zwischen einem Reiz und der vom Hund folgenden Reaktion. Ob und wann die Reaktion einsetzt, ist abhängig von äußeren Reizen (Gerüche, Hase, Futter) sowie inneren Reizen (hormonelle Vorgänge, Hunger, Gesundheit). Je nach Situation müssen Reize also eine gewisse Intensität erreichen, bis darauf eine Reaktion folgt: Der Schwellenwert muss überschritten werden. Im Training sprechen wir von zwei Sekunden Latenzzeit, die sich der Hund auf jeden Fall nehmen darf, um ein von uns gegebenes Signal auszuführen. Erst dann folgt, wenn nötig, gegebenenfalls eine Korrektur durch den Halter.

Leinenführigkeit

Wann gilt ein Hund als leinenführig? Da hat jeder Halter seine eigene Definition. Manch einer verlangt dem Hund schon ein perfektes »Fuß« an der Leine ab. Grundsätzlich sollte der Hund verstehen, dass ihn eine gespannte Leine nicht weiterbringt, sondern er nur mit uns gemeinsam an lockerer Leine seine Ziele erreicht. Da wir nicht 24 Stunden am Tag auf eine korrekte Leinenführigkeit achten können, empfiehlt sich zum Training ein Kontextwechsel. So darf der Hund am Geschirr beispielsweise ziehen, am Halsband achten wir aber darauf, dass er schön läuft.

7 TIPPS FÜR IHRE LEINENFÜHRIGKEIT

1 Einschränker oder Sicherheits-Vermittler?

Zunächst einmal ist die Leine für den Hund etwas sehr Künstliches und Unnatürliches. Das Verständnis für das Konzept »Leine« ist nicht angeboren, sondern muss dem jungen Hund langsam vermittelt werden. Dennoch ist sie im Alltag unabdingbar – zumindest, wenn man nicht sehr abgelegen wohnt, wo man im Zweifel auch komplett ohne Leine auskommen könnte. Sie sichert vor den Gefahrenquellen des Alltags, die unsere Hunde oft nicht einschätzen können (Straßen, Autos, Züge etc.) und verhindert unkontrolliertes Jagen, was andere Tiere oder auch sich schnell bewegende Menschen in Gefahr bringen könnte. Sie verhindert in jedem Fall auch, dass der (junge) Hund Erfolg mit Blödsinn hat und hilft somit im Training. Mit der Leine kann ich also dafür sorgen, dass nichts passiert, was ich nicht möchte. Gleichzeitig kann die Leine aber auch einen Sicherheits-Kontext für den Hund bilden. Ist der Hund angeleint, kann er nicht ausweichen und auch nicht so frei kommunizieren, wie er es etwa ohne Leine tun würde. Deshalb sind wir in der Pflicht, unserem Hund an der Leine auch Schutz zu geben.

2 Positive Zielformulierung

Wie soll die Leinenführigkeit bei Ihnen aussehen? Versuchen Sie, dies möglichst genau zu definieren, denn dann wissen Sie auch, wie Sie es trainieren müssen. Oft heißt es nur: »Ich möchte nicht, dass mein Hund an der Leine zieht!«, was in der Umsetzung dann meist in einem Leinenruck oder einem bösen »Nein!« endet. Besser ist es, wenn Sie Ihrem Hund nicht nur vermitteln, was Sie NICHT möchten, sondern vor allem was Sie MÖCHTEN – also welches Verhalten an der Leine erwünscht ist. Eine positive Zielformulierung könnte also folgendermaßen lauten: »Ich möchte, dass sich mein Hund, sobald ich ihn am Halsband anleine, immer und überall an mir orientiert und in einem Bereich links neben mir läuft. Die Leine sollte dabei locker durchhängen.« Habe ich das Verhalten an der Leine für mich genauestens definiert, ergibt das zwei Vorteile: Zum einen kann ich den Hund auch immer belohnen, wenn er eben dieses Verhalten zeigt. Zum anderen kann ich ihm eine Rückmeldung geben, wenn sein Verhalten davon abweicht – er zum Beispiel an der Leine zieht.

3 Ein Signal nutzen

Trainieren Sie das gewünschte Verhalten zunächst in einer sehr reizarmen Umgebung – beispielsweise auf einem Supermarkt-Parkplatz am Sonntag. Dort sollte es nicht nur ruhig sein, sondern auf dem Teer sind auch kaum ablenkende Gerüche vorhanden. Nutzen Sie gerne Futter, damit der Hund lernt, dass Sie spannend sind und es sich lohnt, sich links neben Ihnen aufzuhalten. Wenn Sie das gewünschte Verhalten zuverlässig erzeugen können, dann benennen Sie es. Es geht hier nicht um ein perfektes »Fuß«-Signal, aber um ein »Bei mir«, also »Halte dich in dem Raum links neben mir auf und schenke mir ab und zu ein wenig Aufmerksamkeit«. Das Tolle: Setzen Sie dieses Verhalten auf Signal, können Sie es später auch ohne Leine abrufen und Ihr Hund bleibt auch unangeleint nah bei Ihnen.

4 Die Don'ts

In keinem Fall sollte Ihr Hund Erfolg damit haben, Sie durch die Gegend zu ziehen. Das passiert meist dann, wenn der Hund in eine Richtung möchte und wir nachgeben – dann, wenn Sie denken: »Ach, die zwei oder drei Schritte zum Baum, er muss halt gerade dringend, das geht schon noch.« Sie wollen eigentlich nicht mitlaufen, entscheiden aber, dass es nicht so schlimm ist. Vorsicht: So lernt der Hund, dass er an der Leine ziehen muss, um seine Ziele zu erreichen! Geben Sie Ihrem Hund in solchen Momenten lieber ganz klar ein Freigabe-Signal (z.B. »Ok«) und laufen Sie im Zweifel mit, damit die Leine nicht auf Spannung kommt. So gehen Sie auf die Bedürfnisse Ihres Hundes ein, haben aber auch die Möglichkeit, beim nächsten Mal zu sagen, »Nein, bei mir« – diesmal darfst du leider nicht zum Baum rennen. Bleiben Sie konsequent und geben Sie Ihrem Hund jedes Mal eine Rückmeldung, wenn er ziehen möchte.

5 Ohne Management geht's nicht

Beim Welpen – oder auch solange Sie Ihr »Bei mir«-Signal erst noch kleinschrittig aufbauen, ist es dem Hund natürlich (noch) nicht möglich, jederzeit und überall darauf zu achten, schön an der Leine zu laufen. Damit Sie sich Ihr Training nicht kaputtmachen, benötigen Sie anfangs im Alltag eine Management-Maßnahme. Nutzen Sie dazu einen anderen Kontext – führen Sie Ihren Hund also zum Beispiel am Geschirr. Das sollte für Ihren Hund kein Freischein zum Ziehen sein, aber für Sie ein »Es ist kein Drama, wenn ich hier einmal inkonsequent bin«. Nutzen Sie Ihr »Bei mir«-Signal hier nicht (das müssten Sie sonst auch am Geschirr konsequent einfordern), sondern geben Sie Ihrem Hund kein Signal. Oft kann auch eine lange Leine helfen, die dem Hund/Welpen genug Raum zum Erkunden gibt und ihn nicht zu sehr einschränkt.

6 Die Erregungslage senken

Ich arbeite anfangs viel mit Futter. Das ist oft ein sehr hilfreicher Einstieg, um die Erregungslage – gerade in aufregenden Situationen oder am Anfang des Spaziergangs – zu senken. Wenn ich Leinenführigkeit wirklich konsequent lehren will, gehe ich mit dem Hund nicht aus der Tür, wenn er total aufgeregt ist und sich wie verrückt freut, dass wir rausgehen. Denn dann hängt er auf jeden Fall in der Leine. Einigen Hunden hilft es auch, wenn sie etwas im Maul tragen können. Sie tun sich dann viel leichter und sind viel ansprechbarer. Hat das Spielzeug dazu ein langes Band, kann ich es auch noch selbst in die Hand nehmen und der Hund bleibt ganz automatisch bei mir. Das lässt sich teilweise auch als Management nutzen, um eine schwierige Situation zu überbrücken.

7 Die Leine ist toll!

Eine positive Einstellung zur Leine, etwa dass sie für Gemeinsamkeit steht, kann sehr hilfreich sein. Die Leine bedeutet: Wir gehen jetzt gemeinsam irgendwo hin und machen etwas Spannendes. Ich erlebe immer wieder, dass Hundehalter zur Leine eine schlechte Einstellung haben. »Oh nein, jetzt muss ich dir leider wieder diese blöde Leine umlegen« höre ich öfter in meinen Stunden. Wenn wir die Leine schon nicht toll finden, wie sollen wir dann unserem Hund vermitteln, dass sie es ist? Was hilft: Kaufen Sie sich eine besonders schöne Leine, die nur zum Training der Leinenführigkeit bestimmt ist – so freuen Sie sich jedes Mal darauf zu üben und dazu endlich wieder die schöne neue Leine nutzen zu dürfen. Weitere Möglichkeiten, sich und auch dem Hund die Leine schmackhaft zu machen, sind tolle Erlebnisse an der Leine. Klettern Sie mit Ihrem Hund an der Leine über Baumstämme, lassen Sie ihn über kleine Hindernisse springen oder erkunden Sie Brunnen, kleine Mauern oder leere Fahrradständer in der Stadt. So wird der Hund schnell verstehen, dass – wenn die Leine angelegt ist – etwas Tolles bei und mit Ihnen passiert. Die Leine wird zum Symbol für Gemeinsamkeit und der Hund wird mehr auf Sie achten.

Tipps für ihre Leinenführigkeit

Lernkurve

Die Lernkurve stellt den Erfolg des Gelernten in einer gewissen Zeitspanne graphisch dar. Je steiler sie ist, desto schneller wird gelernt. Jede Lernkurve enthält nach einer gewissen Lernzeit ein Lernplateau. Hunde lernen nicht kontinuierlich, sondern in Schüben – immer wieder stagniert der Fortschritt. Ebenso kommt es nach jedem Lernfortschritt zu einem Lerneinbruch, dem Lernloch. Oft sind es die Momente, in denen wir denken »Der will mich nur ärgern, gestern hat alles noch super funktioniert.« Hunde können diesen Effekt aber nicht bewusst steuern – es passiert einfach.

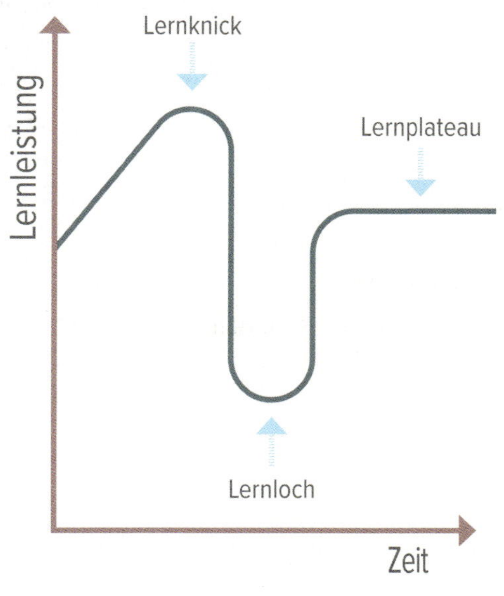

Lernformen

Wir unterscheiden zwischen informalem, formalem und nichtformalem Lernen. Informales Lernen ist Lernen, das nicht unter formalen – also kontrollierten – Umständen stattfindet. Es geht hierbei um Lebens- und Erfahrungszusammenhänge. Dazu gehören Lernen durch Stimmungsübertragung, Lernen durch Nachahmung und das Erlernen der Beißhemmung.

Auch latentes Lernen ist informales Lernen. Formales Lernen läuft nach einem strukturierten Muster ab. Wenn wir zum Beispiel auf ein bestimmtes Trainingsziel hinarbeiten oder regelmäßig auf den Hundeplatz gehen, handelt es sich um formales Lernen. Dabei sind wir meist angespannter und konzentrierter als beim informalen Lernen. Der Fokus liegt hier auf dem Hund. Oft ist das Ziel eine Abschlussprüfung, wie die Begleithundeprüfung o.ä. Das nichtformale Lernen bezieht sich auf allgemeines Training, bei dem wir nicht direkt auf ein Ziel hinarbeiten. Hund und Halter arbeiten allein und es geht um alltägliche Signale wie Hinsitzen, Ins-Körbchen-gehen oder Laufen an der Leine.

Lob

Wichtig beim Loben ist, die Belohnung zu nutzen, die dem Hund gefällt und nicht die, bei der ich mir wünsche, dass sie meinem Hund gefällt. Viele Halter knuddeln ihren Hund gerne, um ihn zu loben. Der Hund möchte in der Trainingssituation aber vielleicht gar keine Berührung, sondern einfach sein Leckerli. Oft ducken sich die Hunde weg – ein eindeutiges Zeichen, dass sie die Berührung in dem Moment nicht als Belohnung empfinden. Das Resultat: eine geringere Motivation des Hundes und ein schlechteres Trainingsergebnis. Versuchen Sie, genau hinzuschauen und herauszufinden, was Ihrem Hund wirklich Freude bereitet: Es lohnt sich!

Longieren

Diese Hundesportart schult vor allem die nonverbale Kommunikation des Halters (Körpersprache) und verbessert die Distanzkontrolle des Hundes. Der Halter steht dabei in einem Kreis, der zu Anfang noch durch ein Absperrband begrenzt ist. Der Hund soll um den Kreis herumlaufen und bekommt dabei Signale für Richtungswechsel, »Sitz«, »Platz«, »Stopp«, schneller oder langsamer. Ist der Hund fortgeschritten, kann auch mit mehreren Kreisen gearbeitet werden, um die der Hund – zum Beispiel in einer 8 – herumgeschickt wird.

M — WIE …

Mantrailing

DAS MANTRAILING-ABC

Jennifer Wehage

www.findyourman.de

Mantrailing: man (Mensch), trailing (Verfolgung): die Suche nach dem Individualgeruch einer Person. Dabei verfolgt der Hund eine Spur durch

Jennifer Wehage

Beim Mantrailing laufen so manche Spürnasen zu Höchstleistungen auf. Asphalt bei Hitze ist das schwierigste Terrain für eine Hundenase!

unterschiedliche Gelände, sowohl auf harten wie auch auf weichen Untergründen. Dieses Hobby erfreut sich immer größerer Beliebtheit. Vor allem für Hunde, die ihre Nase gern und viel einsetzen, ist es eine bedürfnisorientierte und anspruchsvolle Beschäftigung. Im Ernsteinsatz sucht der Personenspürhund vermisste Menschen. Er arbeitet hierbei an der Schleppleine.

Antrailen: Der Beginn im Mantrailing, bei dem man dem Hund schrittweise zeigt, dass er der Spur eines bestimmten Menschen folgen soll.

Anriechen: Begriff aus dem Mantrailing. Hierbei riecht der Hund am Startpunkt am Geruchsartikel der zu suchenden Person, um die Information zu bekommen, wen er suchen soll.

Perimeter: Begriff aus dem Mantrailing. Eine Art »Geruchs-Inventur« (auch scent inventory genannt). Der Hund wird hierbei am Startpunkt (der Ort, an dem die zu suchende Person zuletzt gesehen wurde) strukturiert herumgeführt, um sich zu akklimatisieren und sich mit den Gerüchen in der Umgebung vertraut zu machen.

Geruchsartikel: Begriff aus dem Mantrailing. Der Geruchsartikel trägt den Geruch der zu suchenden Person.

Trail: Die Spur. Im Mantrailing die Spur der zu suchenden Person.

Trailalter: Alter der Spur, die der Hund im Mantrailing verfolgen soll. Auch: Liegezeit.

Traillayer: der Trailleger. Begriff aus dem Mantrailing. Hier ist die Person gemeint, die die Spur legt, die der Hund verfolgen soll.

Pettrailing: Die Suche nach dem Individualgeruch eines Tieres. Dabei verfolgt der Hund eine

Spur durch unterschiedliche Gelände, sowohl auf harten wie auf weichen Untergründen. Im Ernsteinsatz wird die Spur eines Tieres verfolgt, das aus unterschiedlichsten Gründen gesucht wird, etwa nach einem Unfall, Weglaufen o.ä.

Das Mantrailing-ABC

Markertraining

... ist das Training mit einem sekundären positiven Verstärker (siehe Clickertraining). Wir können dazu den Clicker oder auch ein Markerwort nutzen. Dieses sollte möglichst kurz, prägnant und gut einprägsam sein, zum Beispiel »Jipp«, »Yes« oder »Gut«. Folgt auf dieses Markerwort jedes Mal ein primärer positiver Verstärker (zum Beispiel Futter), löst das Markerwort ein gutes Gefühl beim Hund aus (es ist klassisch konditioniert, es kündigt zuverlässig das Futter an). Wir können es nun im Training nutzen, um dem Hund genau im richtigen Moment sagen zu können, wann er etwas richtig macht (siehe Clickertraining).

Matching Law

Hier geht es darum, vorherzusehen, wie der Hund sich künftig verhält. Die Handlung, die sich für ihn am meisten lohnt, wird er verstärkt zeigen. Loben wir den Hund für das »Fuß«-Signal, obwohl er schräg und nicht gerade sitzt, wird er auch in Zukunft schräg sitzen. Als Korrektur-Werkzeug ist es möglich, die Belohnungsrate zu verändern und ihn nur noch dann zu loben, wenn er korrekt sitzt. Wir sollten im Training also immer darauf achten, die gewünschte Ausführung auch am meisten zu loben.

Motivation

Es gibt drei Arten der Motivation: **Primär-, Sekundär- und Meide-Motivation**. Primär-Motivation ist alles, was den Hund unmittelbar von selbst belohnt und was er deshalb von sich aus gerne macht. Bei einer Sekundär-Motivation führt der Hund die Handlung zwar nicht so gerne aus, weiß aber, dass er dafür einer Belohnung bekommt. Bei der Meide-Motivation setzt der Hund ein vom Halter gewünschtes Verhalten nur um, um einer Strafe oder etwas Unangenehmem zu entgehen.

Motive für Verhalten

Fortpflanzung, Bedarfsdeckung und Schadensvermeidung – diese drei Hauptmotive bestimmen das Verhalten unserer Hunde. Alle Motive dienen dabei der Vermehrung: Nachwuchs in die Welt setzen, sowie den Nachwuchs füttern und versorgen können. Fortpflanzung hat oberste Priorität und damit ist eine läufige Hündin in der Standhitze für den Rüden meist auch spannender als jedes Reh.

Mütterliche Aggression

Mütterliche Aggression wird auch maternale oder elterliche Aggression genannt und dient der natürlichen Verteidigung des Nachwuchses.

Auch scheinträchtige Hündinnen können mütterliche Aggressionen zeigen. Ein Eindringling – egal ob Mensch oder Hund – kann dabei heftig verletzt werden. Nach einer defensiven Drohung geht die Mutterhündin meist in den beschädigenden Angriff.

Muscle Memory

Hierbei geht es um das Gedächtnis der Muskeln. Muscle Memory ist das Ergebnis von erlernten motorischen Fähigkeiten. Wiederholen wir eine Übung oft genug, merkt sich der Körper deren Ablauf; sie wird zum Automatismus und bedarf keiner großen Anstrengung mehr. Denken Sie einmal daran, wie es war, als Sie das Autofahren gelernt haben. Zu Anfang kostete Sie das große Konzentration. Die Kupplung drücken, den Schalthebel bedienen, gleichzeitig den Verkehr im Auge behalten ... puh! Inzwischen denken Sie gar nicht mehr über diese Abläufe nach – sie erledigen Sie intuitiv. Genauso geht es unseren Hunden. Ein neues Verhalten fällt zu Anfang schwer, mit vielen Wiederholungen werden Handlungen aber zu Automatismen – sie werden quasi in den Muskeln (in den dafür zuständigen Hirnarealen) abgespeichert. Übt ein Hund jedoch über lange Zeit einen Ablauf »falsch« ein, ist auch dieser im Muskelgedächtnis verankert. Es dauert einige Zeit diese Verankerung zu modifizieren – daher der Leitsatz: Neu lernen ist immer leichter als umlernen!

Beispiel Fußarbeit: Ihr Hund hat jahrelang gelernt, dass er beim Fußlaufen einen halben Meter vor Ihnen laufen kann. Es wird dauern, bis er die neue Position (auf Ihrer Höhe nah am Bein) begreift. Achten Sie also beim Training von Anfang an auf eine stets korrekte »Fuß«-Position!

N — WIE ...

Nachahmung

Das Lernen durch Nachahmung gehört zum Bereich des sozialen Lernens und spielt für alle Hunde eine große Rolle, nicht nur für heranwachsende. Es bedeutet, dass der Hund ein Verhalten erlernen kann, indem er einen Artgenossen oder einen Menschen beobachtet und nachahmt. Lohnt sich die Nachahmung für den Hund, wird er das Verhalten öfter zeigen. Vor allem Welpen lernen durch die Nachahmung der Alttiere. Bei Mehrhundehaltung kann das Lernen durch Nachahmung von Vorteil sein – oder auch von Nachteil, je nachdem, ob der Ersthund gut erzogen ist oder nicht.

Spontane Nachahmung zeigt sich vor allem beim Jagen oder Bellen. Bei der Trainingsmethode »Do-as-I-do« lernt der Hund, gezielt Verhaltensweisen des Menschen auf ein spezifisches Signal hin nachzuahmen.

Nasenarbeit

Je nach Größe und Schnauzenlänge besitzen Hunde in etwa 250 Millionen Riechzellen. Wir Menschen haben hingegen nur etwa fünf bis zehn Millionen. Darüber hinaus nimmt das Riechhirn des Hundes stolze zehn Prozent des

Gesamthirns in Anspruch, während es bei uns Menschen gerade mal ein Prozent ausmacht. Die Hundenase riecht nicht nur viel besser als die menschliche, sie riecht anders: Sie gewöhnt sich nicht an Gerüche, sondern nimmt permanent jeden Geruch wahr, der sich im Umfeld befindet. Hunde können zudem steuern, mit welchem Nasenloch sie schnüffeln möchten. Feinste Geruchsmoleküle geben die Temperatur, oder auch das Alter von Gerüchen preis, so können Hunde riechen wie alt oder frisch eine Geruchsspur ist.

So riecht ein Eintopf für Hunde
Richtig stark: Hunde können Gerüche ganz genau differenzieren. Während wir Menschen zum Beispiel aus dem Duft eines Eintopfs maximal Zwiebeln und Kartoffeln herausriechen, riecht der Hund jede einzelne Zutat (!) – ein Riesenunterschied zu unserer Riechleistung. Dazu kommt die Geruchspermanenz. Wir merken nur beim Betreten eines Raumes, wie es dort riecht, können den Geruch aber nach einer Weile schon nicht mehr wahrnehmen. Hunde riechen alles sich im Raum Befindliche durchgängig. Ganz schön verrückt und weit außerhalb unserer Vorstellungskraft.

Das Kennenlernen verschiedener Gerüche ist ein Lernprozess. Menschliche und tierische Individualgerüche, Handys, Geld, Krankheiten wie Krebs und Malaria – wir können Hunden beibringen, die unterschiedlichsten Gerüche zu identifizieren und anzuzeigen. Das Schöne an der Nasenarbeit: Sie ist für viele Hunde selbstbelohnend aber anstrengend. Schnüffeln macht dem Hund Spaß und sorgt für eine hohe kognitive Auslastung. Vorkenntnisse braucht er keine, wir sollten im Training aber darauf achten, dass er auch wirklich das in der Nase hat, was wir möchten und er Gerüche nicht falsch verknüpft.

Zu den Hundesportarten, die viel Nasenarbeit erfordern, zählen beispielsweise Mantrailing, Rettungshundearbeit, Zielobjektsuche, Dummytraining und Fährtentraining.

Übrigens ... ein Mops kann rein von seinen Fähigkeiten her genauso gut riechen, wie ein Deutscher Schäferhund. Was die Riechleistung in hohem Maße ausmacht, sind Motivation, Lerneifer, Trainierbarkeit und die Fähigkeit mit dem Menschen zusammenzuarbeiten. Weitere Faktoren für die Geruchsleistung sind Alter und Gesundheit des Hundes, Wetterbedingungen (feuchtes Wetter begünstigt die Nasenarbeit), die Beziehung zum Halter, der aufzuspürende Geruch und die Dauer der Arbeit. Stress, Druck und Zwang mindern die Nasenleistung (!)

Quelle: Kokocinska-Kusiak et al. 2021: Canine Olfaction

Negative Verstärker und Strafen

Hier ist »negativ« nicht emotional, sondern rein mathematisch zu sehen – als ein Minus. Wir nehmen also etwas weg! Ein Verstärker soll dabei immer Verhalten verstärken, sich also gut anfühlen, eine Strafe soll Verhalten hemmen, sich also blöd anfühlen.

- **Negativer Verstärker:** das Nachlassen oder Wegnehmen von etwas Unangenehmem. Der negative Verstärker kann nur in Verbindung mit einer positiven Strafe auftauchen. Ist die Leine etwa auf Spannung (positive Strafe) und der Leinendruck lässt nach, ist das ein negativer Verstärker. Bedrohen wir unseren Hund, indem wir uns in entsprechender Stimmung über ihn beugen (positive Strafe) und gehen dann wieder weg und lassen dem Hund Raum, ist das ein negativer Verstärker. Auch ein angstauslösender Reiz, der wieder verschwindet, kann als negativer Verstärker wirken.

- **Negative Strafe:** das Nachlassen oder Wegnehmen von etwas Angenehmem. Zum Beispiel darf der Hund als negative Strafe ein zuvor ausgelegtes Spielzeug nicht holen, sondern der Mensch holt es selbst (etwa wenn der Hund eingesprungen ist). Auch das Vorenthalten von Futter oder das Beenden einer Massage kann eine negative Strafe sein. Ignorieren, also der Entzug von Aufmerksamkeit, kann ebenso als negative Strafe wirken.

Neotonie

Dieser Begriff bedeutet Verjugendlichung. Man spricht davon, wenn der Hund zwar die volle Geschlechtsreife erreicht hat, aber dennoch jugendliche Merkmale auftreten. Das kann sowohl den Körper als auch das Verhalten betreffen. Im Vergleich zum Wolf sind beim Hund manche Verhaltensweisen nicht vollständig ausgereift. Hunde werden streng genommen also nie ganz erwachsen und bleiben somit vom Menschen abhängig. Körperlich äußert sich das beispielsweise in Hängeohren, großen Augen, Kurzbeinigkeit oder verschiedenen Haarformen. Psychisch gehören die Lautäußerungen dazu: Ein erwachsener Wolf zeigt kaum Lautäußerungen, der Hund vermehrt (wie Bellen). Auch bei Hunden, die sehr früh kastriert wurden und deshalb länger Verhaltensweisen eines Junghundes oder Welpen zeigen, spricht man von Neotonie.

O

WIE …

Olfaktorisch

… kommt vom lateinischen Verb olfacere, bedeutet ‚riechen', und steht für alles, was der Hund mit der Nase wahrnimmt. Dazu gehören die Riechwahrnehmung und der Geruchssinn, auch olfaktorischer Sinn genannt. Im olfaktorischen Cortex im Gehirn des Hundes werden die Gerüche verarbeitet.

Ontogenese

Ontogenese bedeutet Verhaltensentwicklung. Sie bezeichnet die Individualentwicklung eines Lebewesens. Verhaltensweisen werden durch Beobachtung in Entwicklungsphasen eingeteilt. Wichtig dabei ist, dass wir Individualität,

Rasse, Genpool und Charakter berücksichtigen. Jeder Hund entwickelt sich individuell und im eigenen Tempo.

Operante Konditionierung

Die operante Konditionierung gehört zum Bereich des Lernens durch Assoziation. Bei einer Konditionierung lernt der Hund, dass zwei Ereignisse miteinander in Verbindung stehen. Wie bei einer instrumentellen Konditionierung, lernt der Hund auch bei der operanten Konditionierung, ganz bewusst ein bestimmtes Verhalten zu zeigen, um an eine Belohnung zu kommen. Der Unterschied zur instrumentellen Konditionierung ist, dass er bei der operanten Konditionierung nicht durch Hilfen vom Halter, sondern alleine durch Ausprobieren herausfindet, welches Verhalten ihn zum Erfolg (zum Verstärker) bringt. Der Hund lernt dabei also durch Versuch und Irrtum.

Ein Beispiel: Der Hund wird alleine in einem Raum zurückgelassen. Die Tür ist geschlossen, jedoch nicht zugesperrt. Der Hund möchte seinem Besitzer folgen und probiert verschiedene Strategien, die ihm helfen sollen, den Raum zu verlassen. Nun kann es passieren, dass der Hund beim Hochspringen an der Türe zufällig die Klinke herunterdrückt und die Tür sich öffnet. Der anschließende Erfolg – beim Besitzer zu sein – ist selbstbelohnend und verstärkt das Verhalten. Wird die Sequenz wiederholt, wird der Hund immer schneller das Verhalten zeigen und die Klinke herunterdrücken.

Auch beim **Freien Formen** (mit dem Clicker) sprechen wir von operanter Konditionierung.

Pawlowscher Hund

Ivan Pawlow entdeckte das Prinzip der klassischen Konditionierung. Dabei geht es um die Assoziation von mindestens zwei Reizen, die normalerweise getrennt voneinander vorkommen. Er wollte eigentlich den Speichelfluss der Hunde untersuchen und entdeckte die Konditionierung durch Zufall.

Vor jeder Fütterung hat Pawlow eine Glocke ertönen lassen. Die Glocke war zu Anfang ein neutraler Reiz für die Hunde und hatte keinerlei Bedeutung. Da die Glocke aber immer unmittelbar vor der Fütterung ertönte, setzten die Hunde mit der Zeit die Glocke mit dem Futter in Verbindung. Sie speichelten nun also nicht erst, als das Futter serviert wurde, sondern bereits beim Ertönen der Glocke in freudiger Erwartung des Futters.

- **Vor der Konditionierung:** Futter löst Speicheln aus, Glocke erzeugt keine Reaktion
- **Während der Konditionierung:** Glocke kündigt Futter an, Futter löst Speicheln aus
- **Nach der Konditionierung:** Glocke löst Speicheln aus

Im Hundetraining nutzen wir die klassische Konditionierung in erster Linie, um an Gefühlen oder Reflexen des Hundes zu arbeiten. Wie auch den Speichelfluss kann der Hund Gefühle nicht direkt kontrollieren – es handelt sich also um eine reflexähnliche Reaktion. Hat der Hund nun Angst vor einem bestimmten Reiz – wie einer großen Mülltonne –, können wir ihm mithilfe von

Training und klassischer Konditionierung zeigen, dass die Mülltonne kein schlechtes Gefühl mehr auslöst, sondern ein gutes. Er bekommt zum Beispiel immer dann, wenn er eine Mülltonne sieht, einen Keks oder eine andere tolle Belohnung. So wird die Mülltonne zur Ankündigung von etwas Tollem. Wichtig ist hier – wie bei jedem Training – das richtige Timing. Bei der klassischen Konditionierung sollten nicht mehr als 0,5 Sekunden zwischen Reiz und Verstärker liegen, damit der Hund die Verbindung sicher herstellen kann (siehe Klassische Konditionierung).

Physiologische Daten des Hundes

Die physiologischen Eckdaten bezeichnen die Normalwerte des Hundes. Um herauszufinden, ob es dem Hund gut geht, sollten wir diese überprüfen. Es lohnt sich, folgende Daten des eigenen Hundes im normalen Zustand aufzuschreiben und immer parat zu haben, um mögliche Abweichungen zu erkennen. Die Durchschnittswerte:

- **Atemfrequenz im Ruhezustand:** 10 bis 30 Atemzüge pro Minute
- **Puls im Ruhezustand:** 70 bis 130 Schläge pro Minute (bis zu 180 beim kleinen Hund, bis zu 220 beim Welpen)
- **Körpertemperatur:** 37,5° C bis 39,0° C (bis 39,5° C beim Welpen, Fieber ab 39,5° C)

Placeboard

Das Placeboard ist ein etwa 10 cm hohes Podest und gerade so groß, dass der Hund sich gut darauf setzen kann. Es kann für zahlreiche Trainingsaspekte genutzt werden. Hier folgen einige davon:

- **Ein sicheres Sitz trainieren:** Durch das Placeboard hat der Hund einen klaren Rahmen vorgegeben, in dem er sich aufhalten soll. Die Hemmschwelle, das Placeboard zu verlassen, ist deutlich größer, als wenn der Hund nur auf dem Rasen sitzt. Zudem merken wir sofort, wenn der Hund »nach vorne rutscht« – dazu müsste er das Placeboard verlassen.
- **Steadiness-Training:** Kommen nun Ablenkungen zu Ihrer »Sitz«-Übung hinzu, tut sich der Hund mit dem Placeboard ebenso deutlich leichter. Plus: Der Mensch ist in der Regel sehr viel sicherer und schneller mit der Korrektur, da der Moment des »Verlassens« des Placeboards gut erkennbar ist.
- **Vorsitzen mit Gegenstand:** Hat der Hund gelernt, dass das Placeboard zum Darauf-Sitzen da ist, tun Sie sich leichter, ihm den Vorsitz mit einem Apportel beizubringen. Lassen Sie ihn auf dem Placeboard sitzen und starten Sie mit einem leichten Gegenstand, den der Hund gerne in den Fang nimmt, etwa ein Knäuel Socken oder eine leere Klopapierrolle. In der Regel fällt Hunden die Kombination »Sitzen + etwas im Fang haben« schwer, da es für einen Beutegreifer in der Natur keinen Sinn ergibt, sich mit Beute hinzusetzen. Das Placeboard kann helfen, diesen Knoten im Kopf zu lösen.
- **»Fuß«-Position:** Eine korrekte Fuß-Position (Grundstellung, Hund sitzt links am Bein) kann mit dem Welpen sauber geübt werden, indem wir uns neben das Placeboard stellen und den Hund darauf sitzen lassen.
- **»Sitz«/»Stopp« auf Entfernung:** Ihr Hund sitzt schon zuverlässig auf dem Placeboard? Dann

können Sie es nun auch weiter weg platzieren und ihn zum Placeboard schicken. Er hat ja gelernt, dass sich darauf zu setzen lohnt und wird das tun. Zu diesem Verhalten können Sie ihr Signal für das »Sitz« oder »Stopp« auf Entfernung einführen.

Tipp: Als Placeboard können Sie auch gut Trittstufen für Senioren oder Aerobic-Stepper nutzen.

Positive Verstärker und Strafen

Ein Verstärker ist ein für den Hund angenehmer Reiz, den wir ihm nach einer bestimmten Handlung zufügen, um sein Verhalten zu verstärken. Durch den Verstärker fördern wir das Verhalten, der Hund wird es in Zukunft öfter zeigen. Eine Strafe ist ein unangenehmer Reiz, der ein Verhalten hemmen soll. Der Begriff »positiv« ist hierbei rein mathematisch zu sehen, es geht also um ein Hinzufügen, nicht um eine emotionale Wertung.

- **Positiver Verstärker:** Keks, Spielzeug, ein wildes Spiel, Aufmerksamkeit, Streicheleinheiten
- **Positive Strafe:** Leinenruck, Abdrängen, Packen, Zwicken

Positive Zielformulierungen

Anstatt zu sagen: »Ich möchte, dass mein Hund nicht an der Leine zieht, nicht bellt und mich nicht anspringt«, ist es fürs Training immer sinnvoller, den Gedanken affirmativ und positiv zu formulieren. Anstatt sich darauf zu fokussieren, was der Hund falsch macht, sollten wir also festlegen, was er denn stattdessen machen soll. Der Hund benötigt eine Alternative, um ein Verhalten langfristig einstellen zu können. Eine positive Zielformulierung wäre zum Beispiel: »Ich möchte, dass mein Hund an lockerer Leine läuft, dass er still ist, wenn ich es ihm sage und, dass er sich hinsetzt, wenn ich nach Hause komme.«

Premack-System

Der Verhaltensforscher David Premack fand heraus, dass wir ein Verhalten als Lob nutzen können. Hundetraining nach dem Premack-Prinzip erweist sich als sehr effektiv. Dabei belohnen wir den Hund nicht mit Futter oder Spielzeug, sondern mit einem Verhalten. Als Belohnung dient idealerweise genau das Verhalten, das Ihr Hund gerade am liebsten zeigen würde. Das macht das Premack-System sehr bedürfnisorientiert, für den Hund äußerst lohnenswert und es steigert die Kooperation mit dem Menschen (siehe Funktionaler Verstärker).

Sind Sie zum Beispiel gerade unterwegs am See und nehmen wahr, dass Ihr Hund gerne ins Wasser möchte? Nutzen Sie das als Trainingsmöglichkeit. Sie könnten mit ihm ein schönes »Sitz« üben oder auch eine Runde Fußlaufen. In dem Moment, in dem er es am allerschönsten macht, geben Sie ihn frei und lassen ihn ins Wasser. Was immer Sie trainieren, wird dadurch immens verstärkt und die Motivation im Training steigt. Der Hund lernt: »Tue ich das, was mein

Halter mir sagt, bekomme ich das, was ich will. Kooperation ist der Schlüssel.«

Kleiner Nebeneffekt: Je hochwertiger die Belohnung, desto wahrscheinlicher ist auch, dass der Hund irgendwann das Verhalten an sich toll findet (etwa Fußlaufen); einfach, weil es regelmäßig sehr gut belohnt wurde (siehe Assoziation/Klassische Konditionierung).

Auch im Hundesport ist das Premack-System eine beliebte Trainingstechnik. Läuft der Hund zum Beispiel im Agility immer sehr gerne den Tunnel, mag aber den Steg nicht besonders gerne, platzieren wir nun einfach für eine Weile den Tunnel nach dem Steg. Der Hund lernt nun, dass der Steg den Tunnel ankündigt (den er ja so gerne mag) und plötzlich macht auch der Steg dem Hund sehr viel Spaß.

Im Dummytraining ist zum Beispiel für viele Hunde die Freiverlorensuche sehr selbstbelohnend. Sie können diese vorbereiten (mit dem Hund gemeinsam Dummys auslegen) und zur Belohnung für eine schwierige andere Aufgabe den Hund dann in die Suche schicken.

Primäre und sekundäre Verstärker

Ein primärer positiver Verstärker ist etwas, das der Hund von sich aus toll findet. Dazu gehören zum Beispiel Futter, ein Lobwort, Streicheleinheiten, Spielzeug – also alles, was von sich aus ein gutes Gefühl auslöst. Ein sekundärer positiver Verstärker hat zunächst keine Wirkung auf den Hund, bis wir ihn mit einem primären positiven Verstärker verknüpfen. Wir bringen dem Hund also bei, dass der sekundäre positive Verstärker einen primären positiven Verstärker ankündigt.

Ein Beispiel wäre das Training mit dem Clicker. Der Clicker hat zunächst keine besondere Bedeutung für den Hund, wir müssen ihn erst konditionieren. Dabei lernt der Hund, dass nach jedem Click ein Keks folgt. Nach einigen Wiederholungen versteht der Hund, dass der Click (jetzt sekundärer positiver Verstärker) den Keks (primärer positiver Verstärker) ankündigt.

Pubertät

Sie bezeichnet einen biologischen Prozess während der Ausbildung der Geschlechtsreife. Der Start der Pubertät ist individuell und abhängig von Größe, Rasse und Umwelteinflüssen. Im Durchschnitt beginnt sie zwischen dem 6. und 12. Lebensmonat. Sie endet bei der Hündin mit dem Ende der dritten Läufigkeit, beim Rüden im vergleichbaren Alter.

Während der Pubertät geht es vor allem um hormonelle Veränderungen, Umstrukturierungen im Gehirn und körperliche Entwicklung. Gleichzeitig kommt der Hund in die »Rockerphase«. Er zeigt vermehrt Explorationsverhalten und testet seine Grenzen aus. Er vergisst erlernte Signale, ist abgelenkt und mit sich selbst beschäftigt.

Wichtig ist dabei vor allem eines: Bleiben Sie ruhig, handeln Sie vorausschauend und regeln Sie in dieser Zeit viel mit sinnvollen Management-Maßnahmen!

Foto: Nina Stockerl

Schon mal ausprobiert? Rally Obedience eignet sich für alle Hunde jeden Alters!

R — WIE …

Rally Obedience

Nina Stockerl

www.hundeschule-fellnase.de

Rally Obedience ist eine Hundesportart, die nicht nur Spaß macht, sondern auch eine Vielzahl von Vorteilen für Hunde und ihre Besitzer bietet. Sie basiert auf der Idee, dem Hund und seinem Menschen die Möglichkeit zu geben, eine gemeinsame Aufgabe zu erarbeiten und so gleichzeitig über die Erfolgserlebnisse die Beziehung zwischen beiden zu stärken. Im Mittelpunkt steht die präzise und feine Kommunikation zwischen Halter und Hund, denn beim Rally Obedience ist partnerschaftliche Zusammenarbeit als Team nicht nur gefragt, sondern ausdrücklich gewünscht.

Hund und Besitzer absolvieren dabei gemeinsam einen Parcours ihrer Klasse (insgesamt gibt es 5 Klassen: Beginner-Klasse, Klasse 1–3, Seniorenklasse), der aus verschiedenen Stationen besteht. An jeder Station befindet sich mindestens ein Schild mit einer Übungsaufgabe, die möglichst genau ausgeführt werden muss. Die Aufgaben variieren je nach Schwierigkeitsgrad und können aus verschiedenen Elementen bestehen: Es werden Signale wie »Sitz« und »Platz« gefordert, Kombinationen daraus,

Fußlaufen, Richtungswechsel und Drehungen, verschiedene Wendungen und Figuren, die man ablaufen muss, aber auch gerade Strecken und Tempowechsel kommen vor und vieles mehr. Bei einem Turnier hat man außerdem für den ganzen Parcours eine zeitliche Vorgabe, die man nicht überschreiten darf.

Beim Rally Obedience gibt es keine Voraussetzungen, die unsere Vierbeiner erfüllen müssen. Es können Hunde aller Rassen, Mischungen und Größen mitmachen. Es gibt auch keine Einschränkungen des Alters des Hundes. Egal ob groß oder klein, jung oder alt, jeder Hund kann an Rally Obedience teilnehmen und Spaß daran haben. Auch auf Hunde mit körperlichen Einschränkungen wird Rücksicht genommen, indem man gewisse Übungen auslässt oder entsprechend anpasst. Das Gleiche gilt übrigens auch für den Halter. Rally Obedience ist für uns alle da und soll in erster Linie Spaß machen – und das kann ich aus Überzeugung und jahrelanger Erfahrung mehr als bestätigen! Also los und einfach mal ausprobieren!

Reaktivität

Hiermit wird die Reaktionsfähigkeit des Hundes beschrieben. Manche Hunde sind sehr schnell in ihren Reaktionen, andere eher langsam. Langsame Hunde bieten beim Training meist wenig Verhalten an, das verstärkt werden könnte – hier sind Kreativität seitens des Menschen und ein schrittweiser Trainingsaufbau gefragt.

Hunde mit einer hohen Reaktivität sind oft sehr kreativ, wenn es im Training darum geht, Probleme zu lösen. Sie bieten selbst viel an, lassen sich jedoch schnell ablenken. Jeden noch so kleinen Reiz und jedes Signal nehmen sie wahr. Schnell geraten wir dann in die Gefahr, unbewusst das falsche Verhalten zu belohnen oder der Hund überschreitet das Erregungslevel, sodass kein Lernen mehr möglich ist.

Refraktäre Phase

Dieser Begriff beschreibt die Phase nach einer abgeschlossenen Verhaltenssequenz. Dabei hat der Organismus des Hundes keine inneren Reize, ist also ohne Motivation. Ein Bedürfnis wurde gerade befriedigt und ist auch durch äußere Reize nicht auslösbar. Hat der Hund gerade gefressen und ist satt, würde er nicht darauf reagieren, wenn er einen Napf hingestellt bekommt. Es wird kein Verhalten ausgelöst. Die refraktäre Phase ist das letzte Element des Regelkreises der Verhaltenssteuerung.

Regelkreis der Verhaltenssteuerung

Verhaltenssequenzen laufen grundsätzlich nach dem gleichen Schema ab. Dieses Schema nennt man auch Regelkreis, da es nach Abschluss wieder von vorne beginnt. Hier der Regelkreis der Verhaltenssequenz »Fressen«:

1. Motivation (innerer Reiz = Hunger)
2. Appetenzphase (Futtersuche)
3. Aktivitätsphase (Fressen)
4. Endphase (Sättigung)
5. Refraktäre Phase (Befriedigung, Ruhezeit)

Reize

Auslöser, die ein bestimmtes Verhalten einleiten, kommen von innen und/oder von außen. Im Zusammenspiel bestimmen sie, ob eine Handlung eintritt oder nicht. Ist der Hund hungrig (innerer Reiz) und Sie stellen ihm einen Napf mit Futter hin (äußerer Reiz), dann tritt eine Handlung ein (Fressen). Innerer und äußerer Reiz müssen zusammen einen gewissen Schwellenwert erreichen, also stark genug sein. Ist der Hund nicht hungrig genug (Mangel an innerem Reiz) oder das Futter nicht ausreichend lecker (Mangel an äußerem Reiz), tritt die Handlung nicht ein. Innere Reize werden auch Motivation genannt.

Motivation ist abhängig von:

- der individuellen Veranlagung des Hundes: Unter anderem machen sich hier auch Rasseunterschiede bemerkbar (der Labrador frisst lieber als der Afghane, der Schäferhund spielt lieber mit dem Ball als der Leonberger).
- der momentanen Motivation: Ein müder Hund ist weniger für ein Spiel zu begeistern als ein ausgeschlafener.
- der Schadensvermeidung: Die Nachteile einer Handlung werden abgewogen. Zum Beispiel, wenn der Hund ins Auto springen möchte, ihm aber der Rücken weh tut.

Reizkombination

Bei einer Reizkombination hat der Hund gelernt, dass mehrere Signale seines Halters zusammenwirken müssen, damit Verhalten ausgelöst wird. Das geschieht meist unabsichtlich und ist in der Regel auch nicht erwünscht. Nutzt der Mensch zum Beispiel beim »Sitz«-Signal immer das Wortsignal »Sitz« und zusätzlich gleichzeitig den erhobenen Zeigefinger, hat der Hund bei einer Reizkombination abgespeichert, dass nur akustisches Signal UND Handzeichen »Sitz« bedeuten. Auf das reine Wortsignal wird er sich dann genauso wenig hinsetzen wie auf das alleinige Sichtzeichen. Überlegen Sie sich im Training gut, welches Ihrer Signale das Verhalten auslösen soll und trainieren Sie entsprechend!

Ruhe

Eine Grundkompetenz, die jeder Hund von klein auf lernen sollte: immer und überall zur Ruhe zu kommen; die Fähigkeit, auch einmal nichts zu tun; zu lernen, dass es Momente gibt, in denen der Hund zwar dabei, aber einfach gerade nicht dran ist. Üben Sie das mit Ihrem Hund immer wieder in verschiedensten Situationen – am besten von Anfang an (siehe Deckentraining)!

RUHE VERMITTELN

Florian Sernetz
www.florian-sernetz.de

Ich finde gezieltes Vermitteln von Ruhe sehr wichtig, da es die Impulskontrolle und Frustrationstoleranz fördert. Außerdem gibt der Mensch eine Struktur vor – ohne, dass der Hund ein Verhalten neu erlernen muss. Die Fähigkeit zum Ruhen besitzen alle Hunde – hierfür benötigen die einen Hunde mehr, die anderen weniger Anleitung durch ihre Menschen. Ich beginne in den Momenten, meinem Hund Ruhe zu vermitteln, in denen ich sie noch nicht zwingend benötige.

Das heißt, ich beginne nicht im Restaurant, wo ich mir einen ruhigen Hund wünsche, sondern in den eigenen vier Wänden, in entspannter Atmosphäre und ohne Zeitdruck. Der Fahranfänger hat die erste Fahrstunde ja auch nicht direkt auf der Autobahn. Der Hund sollte zum ersten Training nicht frisch ausgeschlafen sein, sondern bereits einen Spaziergang hinter sich haben. Auch die Zeit nach der Fütterung bietet sich an.

Ich beginne damit, dem Hund in meiner Nähe Ruhe beizubringen. Hierbei können Sie zum Beispiel eine Decke nutzen oder auch den Bewegungsspielraum durch eine Leine begrenzen. Das ist abhängig davon, wie und wo der Hund später zur Ruhe kommen soll. Die Zeitspannen sollten Sie am Anfang kurz halten und wenn der Hund dann zur Ruhe gefunden hat, darf er ruhig auch aufstehen. Hier sollte ein Augenmerk darauf gelegt werden, dass der Hund nicht in der Erwartungshaltung auf die Freigabe »lauert«. Futter oder verbales Lob als Bestätigung sollten Sie – wenn überhaupt – sehr dosiert einsetzen, da manche Hunde dabei eine Erwartungshaltung entwickeln, dadurch »angeknipst« bleiben und schlechter zur Ruhe finden.

Ein wichtiger und nicht zu vernachlässigender Punkt ist die Stimmungsübertragung. Hat der Mensch die ganze Zeit den Fokus auf dem Hund, der zur Ruhe kommen soll, wird genau das diesem erschwert. Hier erweist es sich häufig als nützlich, wenn Sie den Fokus auf ein Buch oder auf das Smartphone legen. Den Hund anzusprechen, anzusehen oder auch anzufassen, könnte wieder Unruhe hineinbringen. Sie sollten zudem die Ruhe ausstrahlen, die Sie von Ihrem Hund erwarten. Wenn das Einfordern der Ruhe im Haus gut klappt, können Sie die Ablenkung langsam steigern, zum Beispiel, indem Sie die Übung in den Garten verlagern, bevor es nach »draußen« geht. Ich würde nach und nach entweder die Zeitspanne oder den Ablenkungsgrad steigern. Werden beide Faktoren gleichzeitig erhöht, kann dies zu Überforderung und Frust führen. Ablenkung kann schon sein, wenn der Mensch sich ein Stück entfernt oder auch Dynamik reinbringt.

Haben Sie Geduld und üben Sie regelmäßig, dann steht dem gemeinsamen Restaurant-Besuch nichts mehr im Weg. Der genaue Aufbau der Ruheübung sollte auf Hund und Mensch angepasst werden, da hier das Alter, Temperament des Hundes und Vorerfahrungen des Teams eine Rolle spielen.

Ruhe vermitteln

S — WIE …

Schleppleinentraining

Hier handelt es sich um ein sinnvolles Tool, einen zuverlässigen Rückruf zu trainieren und mehr Distanzkontrolle über den Hund zu erlangen. Dazu gibt es jedoch einige Dinge zu beachten.

Der Clou am Schleppleinentraining ist, dass wir quasi »magisch« Zugriff auf den Hund haben. Damit diese Magie erhalten bleibt, sollte der Hund möglichst (!) nicht merken, wann er die Schleppleine an hat und wann nicht. Die Schleppleine simuliert also den Freilauf. Das heißt, dass wir die Schleppleine NIE einfach als lange Leine nutzen, sondern NUR, wenn der Hund im Freilauf ist.

Dazu gehört auch, dass die Schleppleine nie auf Spannung ist. Wir greifen immer dann über die Schleppleine ein, wenn der Hund ein Signal von uns nicht umsetzt. Der Hund lernt, dass wir immer und überall Zugriff auf ihn haben und dafür sorgen können, dass Signale umgesetzt werden. Das Ergebnis: Er wird die Signale zuverlässiger ausführen.

- Die Schleppleine soll den Freilauf simulieren und darf daher nie auf Spannung kommen.
- Ich greife nur mit der Schleppleine ein, wenn der Hund ein gelerntes Signal nicht umsetzt.
- Die Schleppleine ist nur der Übergang. Ziel ist, dass der Hund später auch ohne Schleppleine die Signale sicher umsetzt.
- Die Schleppleine lässt den Hund glauben, wir hätten zu jeder Zeit Zugriff auf ihn.
- Um Verletzungen zu vermeiden, sollte die Schleppleine immer in Kombination mit einem Geschirr und nicht am Halsband verwendet werden! Zudem sind Handschuhe für den Halter empfehlenswert.

So greifen Sie ein: Angenommen, die Schleppleine schleift an Ihrem Hund, Sie haben ihn gerade gerufen, aber er ignoriert Sie gekonnt. Schnappen Sie sich den letzten Zipfel der Schleppleine (vielleicht können Sie auch darauf treten) und weisen Sie den Hund mit einem ernsten »Hey!« darauf hin, dass Sie gerade etwas gesagt haben. Sie dürfen dabei auch an der Schleppleine einen kurzen Impuls geben. Danach rufen Sie den Hund erneut in freundlichem Ton.

Achtung: Der Hund sollte bei diesem Trainingsschritt Ihr Rückruf-Signal schon gut verstanden haben!

Was Sie noch mit Hilfe einer Schleppleine trainieren können:

- Stopp-Signal
- Wegtreue
- Abbruch

Schmerzinduzierte Aggression

... ist eine defensive Schutzreaktion, die gegen Menschen oder auch gegen Artgenossen gerichtet sein kann. Sie tritt auch bei sonst unauffälligen, friedlichen Hunden auf. Der Hund ist plötzlich aggressiv – meist schnappt er zur Abwehr. Oft bellt oder kreischt er auch. Ist Ihr Hund aus heiterem Himmel scheinbar grundlos aggressiv? Ziehen Sie in Betracht, dass er Schmerzen hat!

Schwellenwert

Der Schwellenwert bezeichnet die Grenzlinie, die überschritten werden muss, damit ein Verhalten eintritt. Maßstab ist dabei die gesamte

Zum Beispiel:

innerer Reiz (Hunger)	+	äußerer Reiz (Futter)	=	Verhalten (Hund läuft zum Futternapf)

Oder:

innerer Reiz (Sättigung)	+	äußerer Reiz (Futter)	=	kein Verhalten (Hund bleibt liegen)

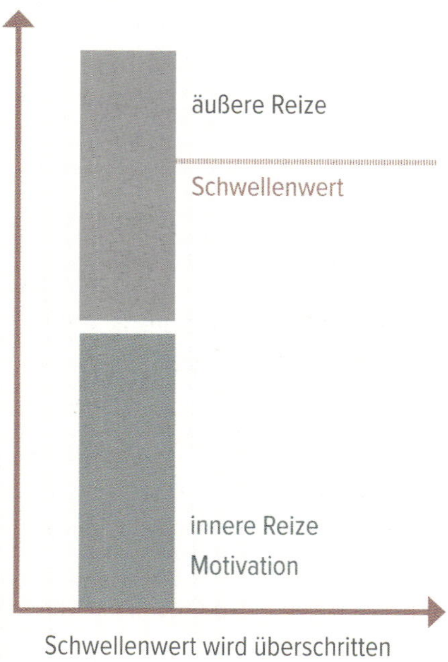

Intensität innerer und äußerer Reize. Innere Reize (Motivation) und äußere Reize (wie Futter) wirken zusammen und lösen – je nach Stärke und Kombination – ein Verhalten aus, oder eben nicht.

Sensitivierung

Die Sensitivierung (oder auch Sensibilisierung) ist das Gegenteil einer Gewöhnung (Habituation). Es geht also um die Intensivierung eines Reizes. Durch die Sensitivierung wird der Schwellenwert nach unten verschoben – Verhalten wird schneller ausgelöst. Auch bei Phobien spielt Sensitivierung eine große Rolle. Sie kann zudem bedeuten, dass eine besondere Empfindsamkeit besteht, zum Beispiel gegenüber Knallkörpern. Im Training können wir die Sensitivierung nutzen, um den Hund schon für kleinste Signale empfänglich zu machen und groben Umgang zu vermeiden.

● **Trainingstipp:** Signal sensitivieren

Anstatt im Training mit Ihrem Hund immer lauter zu werden, versuchen Sie doch einfach mal das Gegenteil! Werden Sie immer leiser und flüstern Sie zum Schluss die Signale. Ihrem Hund wird die außergewöhnliche Kommunikation sofort auffallen, er wird mehr Interesse zeigen und – auch beim nächsten Mal – ganz genau hinhören. Ihre Signale werden so sensitiviert. ●

Signalkontrolle

Wenn ich ein Verhalten unter Signalkontrolle bringe, heißt das, dass ich es durch ein Signal jederzeit und überall auslösen kann. Spannend ist das vor allem bei Verhaltensweisen, die der Hund von sich aus zeigt, die ich sonst nicht oder nur schwer erzeugen kann, wie zum Beispiel Pinkeln, Schütteln oder Zwinkern.

Dazu sage ich mein Wortsignal immer dann, wenn der Hund das Verhalten gerade zeigt, idealerweise kurz davor und belohne den Hund dann. Nach einigen Wiederholungen löst das Signal das Verhalten aus – ich habe es unter Signalkontrolle gebracht (siehe Pinkel-Signal).

● **Trainingstipp:** Bellverhalten kontrollieren

Sie möchten das Bellverhalten Ihres Hundes besser in den Griff bekommen? Bringen Sie dafür Bellen unter Signalkontrolle! Der Gedanke dahinter: Wenn Sie Ihrem Hund beibringen können, auf Signal hin zu bellen, können Sie ihm auch sagen, dass er still sein soll. Sagen Sie also zum Beispiel immer, wenn Ihr Hund bellt, »Gib Laut« und belohnen Sie ihn. Mit der Zeit wird Ihr Hund auf Ihr Signal hin bellen. Fügen Sie dann das Signal »leise« hinzu. Üben Sie abwechselnd bellen – leise – bellen – leise. Klappt es im Training gut, können Sie ihr »Leise«-Signal bald auch im Alltag nutzen, um Ihren Hund beim Bellen zu bremsen.

***Achtung:** Bei dieser Übung verstärken Sie zunächst das Bellen, indem Sie es belohnen! Es kann sein, dass Ihr Hund vorübergehend noch mehr bellt.* ●

Soziale Kommunikation

Laut Definition bedeutet dieser Begriff, dass ein Tier (Sender) eine gerichtete Aktion gegenüber einem anderen Tier (Empfänger) zeigt. Das andere Tier ändert daraufhin sein Verhalten: ein klassisches Sender-Empfänger-Konstrukt der Kommunikation. Die Aktion muss dabei nicht auf ein bestimmtes Individuum bezogen sein, denn auch das Absetzen von Duftmarken (Urin) gehört zur sozialen Kommunikation.

Spannend: Die Kommunikation unserer Hunde ist mit der nonverbalen Verständigung zwischen Menschen durchaus zu vergleichen. Mimik, Körperhaltung und Art der Berührung sind sich sehr ähnlich. Auch spannend: Die Ausdrucksformen der hündischen Kommunikation sind großteils vererbt, die Bedeutung muss jedoch meist noch erlernt werden. Das heißt: Der Hund kann von Geburt an knurren, heulen und mit dem Schwanz wedeln, muss aber erst lernen, was es bedeutet – und welche Folgen es haben kann, wenn ihn ein anderer Hund anknurrt.

Im Hundetraining läuft die körpersprachliche Arbeit mit dem Hund meist auf der Ebene der sozialen Kommunikation. Wir blockieren, laden ein oder brechen Verhalten ab.

Sozialspiel

Spielen ist besonders wichtig, denn Hunde lernen alle Arten der Kommunikation von klein auf im Spiel und Umgang mit Artgenossen. In etwa ab der dritten Lebenswoche, in der Transitiven Phase (auch Übergangsphase genannt),

Foto: ©Nadine Haase/stock.adobe.com

Entspannte Stimmung, übertriebene Mimik und Ausgeglichenheit kennzeichnen ein Sozialspiel.

beginnen Welpen, mit ihren Geschwistern und der Mutter zu interagieren. Die kleinen Hunde üben spielerisch die später notwendigen Verhaltensweisen und probieren sich aus. So wird zum Beispiel auch die Beißhemmung erlernt. Selbst später noch bleibt das Spiel eine wichtige Möglichkeit zum Ausprobieren und Üben von Verhaltensweisen – übrigens nicht nur kommunikativer Art, sondern auch von Elementen der Jagd. Charakteristisch für das Sozialspiel ist die Vorderkörpertiefstellung. Spiel erkennt man außerdem am schnellen Wechsel unterschiedlichster Verhaltensweisen, einem Bewegungsüberschwang, lockerem Schwanzwedeln sowie einem ausgeglichenen Abwechseln der beiden Spielpartner, also Rollentausch. Dazu kommt das Spielgesicht, das sich durch überzogene Mimik und Gestik zeigt.

»Wenn wir mit einem Hund interagieren und später kommunizieren möchten, ist es das Beste, wenn wir mit dem Hund sehr viel üben und sehr viel spielen. Spielen ist eine Kooperation, bei der beide Partner gewisse Ziele haben, manchmal auch Meinungsverschiedenheiten, über die man sich einigen kann, und das alles passiert mit Signalisierung und natürlich, indem beide mitmachen und auf die Signale antworten. Spielen ist unter Hunden oder Caniden auch die Vorbereitung auf das gemeinsame Jagen oder überhaupt die Zusammenarbeit.«

Prof. Dr. Ádám **Miklósi**

Spielverhalten

Alexandra Ackermann

www.luckyteams.de

Es gibt kaum etwas, das die Beziehung und Bindung so positiv beeinflusst wie richtiges, echtes Spiel. Es kann Stress lösen, enthemmen, verbinden und sogar wichtige Dinge für den Alltag einüben. Es werden Hormone wie Oxytocin, Endorphine und Dopamin ausgeschüttet, die sich positiv auf das Wohlbefinden auswirken.

Was ist also »richtiges« Spiel? Beide Spielpartner befinden sich in einer lockeren und gelösten Stimmung. Sie sollten nur dann mit dem Hund spielen, wenn Sie auch wirklich Lust dazu haben. Dabei ist es nicht entscheidend, wer das Spiel beginnt. Sie dürfen gerne auf eine Spieleinladung Ihres Hundes eingehen. Ihr Hund wird es lieben, Sie albern und locker zu erleben. Beginnen Sie das Spiel durch eine bestimmte Körpergeste, vielleicht in Verbindung mit einem Signal. Dabei können Sie sich gut an den Spielgesten Ihres Hundes orientieren. Im Spiel mit Objekten können Sie ein Spielzeug (Tau oder Ähnliches) nehmen, ein paar Meter laufen, es sich von Ihrem Hund abluchsen lassen, es selbst wieder zurückholen oder ein bisschen um »die Beute« zergeln. Es braucht keinen fest vorgeschriebenen Ablauf. Alternativ können Sie sich auch gemeinsam mit Ihrem Hund an ausgelegte Beute anschleichen, ein kleines Jagdspiel daraus machen oder zusammen eine vorbereitete Fährte erkunden. Hunde finden es oft recht erstaunlich, wenn auch wir mal »Beute« finden. Bei einem objektfreien Spiel können Sie mit Ihrem Hund rennen, balgen, auf dem Boden herumkugeln oder gemeinsam über die Wiese hüpfen. Dazu benötigen Sie einiges an Puste. Hier ist alles erlaubt, was beiden Spaß macht. Bei jedem Spiel sollten Sie darauf achten, dass Umgang und Erregungslevel angemessen sind. Aus Spaß soll kein Stress werden.

Es gibt Hunde, die gehemmt sind und nicht mit ihren Menschen auf eine solche Weise spielen wollen. Das bedeutet nicht, dass man nicht trotzdem eine gemeinsame positive Aktivität finden kann. Hier können zum Beispiel das Einüben von lustigen kleinen Tricks oder das gemeinsame Aufspüren eines Futterdummys die Beziehung so weit festigen, dass irgendwann auch das Vertrauen für andere Spiele vorhanden ist. Was dagegen wenig mit Spiel zu tun hat, sind Wurfspiele oder ähnlich monotone Aktivitäten, die sich von Ihnen wegbewegen. Als Halter nehmen Sie hier eine recht passive Stellung ein; immerhin könnte Sie – ab einem gewissen Grad – auch eine Wurfmaschine ersetzen. Davon abgesehen, dass es einige negative Begleiterscheinungen gibt, wie Gelenkschädigungen oder die Förderung unkontrollierten Jagdverhaltens, erreiche ich keinen echten Beziehungs- und Bindungsaufbau mit solchen Spielen. Mit dem Hund zu spielen, soll für beide Seiten eine wunderbare Art sein, den Alltag kurz hinter sich zu lassen, etwas Positives für die Beziehung zu tun und einfach das Zusammensein zu genießen!

Spielverhalten

Stimmungsübertragung

Hunde sind wahre Meister darin unsere Stimmung aufzuschnappen und widerzuspiegeln – diese Fähigkeit macht sie ja auch zu so grandiosen Sozialpartnern. Manchmal steht uns diese Stimmungsübertragung beim Umgang mit dem Hund selbst im Weg.

Ein typisches Beispiel: Ich gehe mit meinem Hund an der Leine, es kommt ein Hund entgegen. Ich nehme die Leine straffer und ziehe meinen Hund zur Seite. Mit dem übertragenen Druck teile ich meinem Hund mit, dass eine besondere Situation ansteht, die eigene Anspannung wird auf den Hund übertragen, die Stimmung kann kippen.

• Trainingstipp:
Stimmungswahrnehmung

Ist Ihr Hund sehr nervös, reagiert in einer Situation sehr überschwänglich oder mit starkem Angstverhalten, versuchen Sie Folgendes: Stellen Sie sich auf die Leine, oder leinen Sie Ihren Hund kurz an, damit Sie sich voll und ganz auf sich konzentrieren können. Atmen Sie 3x tief durch und fragen Sie sich: Wie geht es mir gerade? Bin ich ruhig und entspannt oder gestresst und schnell genervt? Versuchen Sie sich in eine ruhige Stimmung zu bringen – ein paar regelmäßige Atemzüge in den Bauch wirken hier Wunder. Erst dann widmen Sie sich wieder ihrem Hund. Der Clou: Stimmungsübertragung funktioniert in beide Richtungen. Lassen Sie sich nicht von der Nervosität und Hibbeligkeit Ihres Hundes anstecken, sondern versuchen Sie, Ruhe auszustrahlen. Haben Sie schon mal eine ruhige und entspannte Persönlichkeit mit einem gestressten Hund kennengelernt? Ich nicht … •

Strafe

Ariane Ullrich

www.mensch-hund-lernen.de

Lerntheoretisch ist eine Strafe alles, was ein negatives Gefühl auslöst und dadurch dazu führt, dass das bestrafte Verhalten weniger wird. Konkret bedeutet das: Wenn Sie Ihren Hund strafen, weil er jemanden angesprungen hat, er aber am nächsten Tag wieder jemanden anspringt, war Ihre Strafe keine Strafe im lerntheoretischen Sinne. Es war lediglich ein Gemecker, das Ihnen gut getan hat, aber die Beziehung zu Ihrem Hund belastet, denn es hat zu nichts Gutem geführt. Umgangssprachlich ist eine Strafe vor allem Ärger durch den Menschen, z.B. durch Bedrohen, Anmeckern, Rempeln, etwas werfen. Der Fokus liegt hier auf der Emotion und Befriedigung des Menschen und nicht darauf, ob der Hund versteht, worum es geht. Das ist der kleine aber feine Unterschied, den man im Alltag leider sehr oft sieht.

Denn wir Menschen sind vom Lernen nicht ausgenommen. In dem Moment, in dem wir unseren Unmut aus emotionalen Gründen äußern, fühlen wir uns gut. Wenn wir Eindruck schinden können beim anderen, ist das eine Belohnung für uns. Wir werden es wieder tun – selbst, wenn dieser Eindruck nur einmalig ist und der Hund sein Verhalten nicht auf Dauer ändert. Es wirkt als funktionierende additive Verstärkung unseres negativen Verhaltens. Dieses wird von uns häufiger gezeigt, auch wenn wir nicht mehr schlecht gelaunt sind.

Strafe unterliegt denselben Regeln wie Verstärkung

Wenn Sie also ein Verhalten haben, dessen Auftrittswahrscheinlichkeit reduziert werden soll, müssen Sie sich erst einmal überlegen, worum es konkret geht und ob Strafe ein probates Mittel ist. Denn generell gilt: Strafe funktioniert richtig angewendet natürlich. Sie unterliegt genau wie Belohnung gewissen Regeln, damit es funktioniert, hat jedoch (nicht nur) den Nachteil, dass

wir über das kurzfristige Verhindern hinaus ein Verhalten auch ändern müssen. Dessen ist sich nicht jeder bewusst, der scheinbar lieber jedes Mal meckert, als gezielt zu trainieren.
Nutzen Sie Strafe, sollten Sie außerdem darüber nachdenken, ob auch die anderen Risiken, die mit der Anwendung von Strafe einhergehen, für diese Situation hinnehmbar sind, oder Sie lieber einen Umweg in Kauf nehmen, der langfristig erfolgreicher ist.

Die Regeln zur korrekten Anwendung von Belohnung und Strafe:

1. Die Konsequenz auf ein Verhalten muss sofort auf das Verhalten erfolgen, damit der Hund sie miteinander verknüpfen kann. Bei der Strafe sollte die Konsequenz eigentlich schon erfolgen, wenn der Hund an das falsche Verhalten nur denkt. Denn wenn er das Verhalten ausgeführt hat, hat er sich schon selbst belohnt (Strafe wird ja vor allem da angewendet, wo ein Verhalten auftritt, durch das der Hund sich selbst belohnt). Hat der Hund sich bereits selbst belohnt, nimmt er auch Strafe in Kauf, solange die Selbstbelohnung gut genug war. Das Verhalten wird nicht weniger.
2. Die Konsequenz sollte in den meisten Fällen möglichst überraschend kommen und nicht vom Menschen ausgehen. Bei der Belohnung ist das meist nicht so wichtig, weil es die Zusammenarbeit und Abhängigkeit vom Menschen unterstreicht. Bei der Strafe besteht die Gefahr, dass der Hund lernt, das Verhalten nur in Gegenwart des Menschen nicht auszuführen (was manchmal ausreicht, oft aber eben nicht). Zudem kann es je nach Situation das Vertrauen zum Menschen negativ beeinflussen. Da Hunde nicht dumm sind, ist diese anonyme Strafe oft schwer zu bewerkstelligen.
3. Die Konsequenz sollte jedes Mal erfolgen. Erfolgt bei der Anwendung von Belohnung die Konsequenz nicht immer, wird das Verhalten länger brauchen, um sich zu etablieren (es wird maximal etwas seltener gezeigt). Bei der Anwendung von Strafe wird der Hund jedoch rasch unterscheiden, warum das Verhalten manchmal erfolgreich ist (wenn der Mensch nicht da ist, die Leine dran ist etc.) und manchmal nicht (wenn der Mensch da ist oder die Wasserspritze oder die Klapperkanne).
4. Die Konsequenz muss so beeindruckend sein, dass der Hund wirklich sein Verhalten ändert. Bei der Belohnung ist eine positive Überraschung ein wirksames Mittel, um Verhalten zu festigen. Bei der Strafe muss diese beeindruckend genug sein, dass es dem Hund tatsächlich unangenehmer ist als das, was er mit dem Verhalten erreichen würde. Es muss zudem so unangenehm sein, dass eine bis drei Wiederholungen ausreichen. Ansonsten landet man rasch in der Strafspirale, die das Zusammenleben mit dem Hund massiv verschlechtert. Je nachdem, um welches Verhalten es geht, ist man rasch im tierschutzrelevanten Bereich.
5. Lernen kann der Hund nur bis zu einer gewissen Erregungs-/Stresslage. Egal ob Belohnung oder Strafe, wenn der Hund

kognitiv nicht da ist, sondern lediglich sein Reptiliengehirn handeln lässt, wird weder Belohnung noch Strafe funktionieren. Da Strafe meist gedanklich ins Spiel kommt, wenn der Hund nicht mehr ansprechbar ist, führt das rasch zu Punk 4: der tierschutzrelevanten Strafe.

Strafe soll Verhalten reduzieren

Geht es also darum, ein Verhalten weniger auftreten zu lassen, arbeiten wir immer gegen die eigene Motivation des Hundes, dieses Verhalten zu zeigen. Im Training von erwünschtem Verhalten hat es deshalb lediglich in dem Zusammenhang etwas zu suchen, in dem ich den Hund daran hindere, sich das Leckerchen selbst aus der Tasche zu nehmen. Der Fokus liegt darauf, den Hund zu motivieren, erwünschtes Verhalten zu zeigen.

Im Lebensalltag kann Strafe aber ein wirksames Mittel zur Verhaltensänderung sein, denn sie beruht auf der zugrundeliegenden evolutionären Frage, wie man seine eigene Unversehrtheit behält. Wenn man mit Schmerzen rechnen muss, versucht man diese zu vermeiden. Wenn man nicht beachtet wird, versucht man dies zu ändern. Wenn Frust entsteht, weil sich eine Tür schließt, versucht man, einen anderen Weg zu finden. Strafen kann man im Leben des Hundes und auch des Menschen gar nicht vermeiden. Die Frage ist nur, wie und ob wir sie im Umgang mit dem Hund anwenden.

Lerntheoretisch gibt es verschiedene Arten zu strafen:

1. Zufügen von etwas Unangenehmem. Das ist die sogenannte »additive Strafe«. Man fügt etwas Unangenehmes hinzu, was zu Angst/Schmerz führt, damit ein Verhalten sich verringert.
   Beispiel: Der Hund springt uns an und wird daraufhin bedroht. Der Hund bekommt Angst, beginnt zu meiden und nimmt die Füße runter.
2. Etwas Erwartetes wegnehmen. Das ist die »subtraktive Strafe«. Man nimmt etwas für den Hund Angenehmes weg, was zu Frustration und Enttäuschung führt.
   Beispiel: Der Hund springt uns an, mit der Motivation, Beachtung zu finden. Diese wird verwehrt, indem man sich hinter ein Gitter stellt und den Hund nicht beachtet. Der Hund ist enttäuscht, frustriert und geht.

Strafe: ja oder nein?!

Diese Frage ist schwer zu beantworten, denn Lernen ist sehr komplex! Die lerntheoretische Anwendung von Strafe ist im Alltag nicht einfach umzusetzen, denn dafür müssen Sie die Motivationen des Hundes kennen, seine Einschätzungen von Angst/Schmerz und auch, wie er mit Frust und Angst umgeht. Der gesamte Lebensalltag und die jeweilige Lernsituation ist viel komplexer als oben beschrieben und kann niemals pauschal behandelt werden.

Ein Hund springt uns meist an, weil er begrüßen möchte, sehr aufgeregt ist und zum Gesicht will oder weil er gelernt hat, so seine Erregung abzubauen. Vielleicht ist das Verhalten ritualisiert oder der Hund kann einen Menschen so von sich fernhalten. Vielleicht macht es einfach Spaß hochzuspringen oder es ist interessant, dass Menschen dann zurückweichen. Vielleicht will der Hund aber auch nur schneller oben sein als der andere Artgenosse oder er kann sich

einfach überhaupt nicht beherrschen aus verschiedenen Gründen.
Setzen Sie nur Ignorieren als Strafe ein, wird der Erfolg in 90 Prozent der Fälle ausbleiben. Denn Springen baut Erregung ab, schüttet Endorphine aus und macht Spaß. Der Hund hat also trotz der Nichtbeachtung Erfolg. Alleiniges Nichtbeachten ist zudem oft nicht möglich – vor allem bei großen, schweren Hunden. Die Erregung bekommt der Hund dadurch auch nicht in den Griff, vor allem als kleiner Welpe. Die subtraktive Strafe ist also nicht unbedingt die beste Lösung.

Additive Strafe ist nicht ungefährlich

Wenden Sie bei diesem Beispiel hingegen die additive Strafe an – fügen dem Hund also etwas Unangenehmes hinzu (Meckern, Schmerz) – greifen Sie in ein sensibles Beziehungsgeflecht ein. Der Hund springt Sie an, weil er vielleicht aktiv beschwichtigen will oder freudig aufgeregt ist (gehen wir von einem Welpen aus). Er zeigt also positive Kommunikation zu seinem Lieblingsmenschen. Wird er daraufhin gemaßregelt, bekommt er zwar Angst vor mir, schafft es aber dennoch nicht, sich zurückzunehmen. Er weiß ja nicht, wie er mit seiner Aufregung umgehen soll.

Was soll der Hund lernen?

Es gibt Situationen, in denen der Hund lernen kann, alles andere als dieses eine Verhalten zu zeigen. Zum Beispiel eben, wenn es um Ihre persönliche Unversehrtheit geht und der Hund Sie im Spiel nicht umrempeln soll. In den meisten Fällen geht es aber um einen Reiz, der den Hund zum unerwünschten Verhalten verleitet. Wird er nur gestraft, lernt er nicht, anders auf diesen Reiz zu reagieren, denn er ist ja immer noch da. Ich muss also mit ihm üben, welches Verhalten sinnvoll ist, wenn dieser Reiz auftaucht. Er soll zum Beispiel ...

- ... den Boden vor dem Menschen nach Leckerchen abschnüffeln, wenn er auf Sie zukommt.
- ... sich bei Rehsichtung zu Ihnen umzudrehen.
- ... sich hinlegen, wenn ein Kind angerannt kommt.
- ... Sie anschauen, wenn er zum Hundekumpel möchte.
- ... sozial kompatibles Verhalten zeigen, wenn ein fremder Hund kommt.

All diese Alternativen muss Ihr Hund lernen. Sie führen und trainieren ihn dorthin.

Strafe enthält Informationen

Die pauschale Ablehnung von Strafe ist eine Ideologie, die man moralisch vor sich hertragen kann, sich dabei aber oft selbst belügt. Evolutionär ist Strafe ein relativ sicheres, eindrucksvolles Mittel, sich selbst zu schützen. Genau weil es so eindrucksvoll ist, hat ihre Anwendung auch so viele Risiken.
Strafe enthält Information – die Information darüber, was das eigene Leben verschlechtern kann. Diese können Sie durchaus nutzen, denn sie ermöglicht dem Hund, sein Verhalten zu ändern. Vor allem dann, wenn es eine Vorwarnung gibt – einer der wichtigsten Punkte bei der Überlegung zur Strafanwendung. Wenn der Hund auf den anderen Hund zustrebt, Sie ihn aber an der Leine festhalten (= subtraktive Strafe, ich nehme ihm die Möglichkeit, dort hinzugehen), lernt er nicht unbedingt, dass er nicht zum anderen Hund gehen darf. Er lernt, dass er nicht hinkommt, wenn die Leine dran ist.
Kommt jetzt eine Ankündigung hinzu (z. B. »Ende«), informiere ich den Hund darüber, dass er gleich bestraft wird (ihn die Leine stoppt). Nun

hat er die Chance, sein Verhalten (auf den Hund zulaufen) zu verändern (zu mir schauen) und daraufhin das Gewünschte zu dürfen (zum Hund gehen). Die Strafe ist hier also eine sinnvolle Information, die aber lediglich ergänzt, was der Hund lernen muss: Wenn ein Hund kommt, dann komm erst zu mir!

Hier streiten sich noch mehr Geister

Welche Strafe man wo und in welcher Situation einsetzt, ist im Hundetraining sehr unterschiedlich und es gibt etliche heiße Diskussionen, die teilweise auch sehr moralisch geführt werden.
In den allermeisten Fällen möchten Hundemenschen und Hundetrainer, dass es den Beteiligten am Ende gut geht. Vor allem bei unbedarften Trainern ist eine falsche Anwendung von Strafe aber mit Risiken verbunden. Aus diesem Grund wird Strafe oft kategorisch abgelehnt. Sie hat jedoch ihre Berechtigung.
Die Diskussionen um Strafe werden meist emotional geführt und nicht objektiv; auch die Ergebnisse werden oft nicht diskutiert. Wenn ein Hund durch die Anwendung positiver Strafe nur noch hinter dem Menschen läuft, und auf seinem gesamten Spaziergang nicht mehr schnuppert, dann zieht er zwar nicht mehr an der Leine (unerwünschtes Verhalten), aber es handelt sich nicht mehr um ein artgerechtes Hundeleben.
Droht mein Hund beim Spiel mit einem anderen Hund mich anzurempeln, weil er nicht aufpasst, dann drohe ich eine positive Strafe im Sinne von kurzem Aufschreien an, denn meine persönliche Unversehrtheit ist in Gefahr und es handelt sich um eine begrenzte, in sich geschlossene Situation, in welcher der Hund sehr schnell und gut verstehen kann, worum es geht. Er hält ab sofort beim Spiel ein paar Gehirnzellen frei, um darauf zu achten, mich nicht umzurennen.

Der Fokus ist wichtig

Eine pauschale Aussage, wann man Strafe anwenden »darf« und wann nicht, kann es nicht geben. Strafen ist komplex und sehr individuell. Die einzige pauschale Aussage, die man treffen kann, ist wohl: Achten Sie auf Ihren Fokus! Das Ziel ist immer ein angenehmes Verhalten für alle Beteiligten, das nicht auf Kosten einzelner geht. Das Trainingsmittel der Wahl muss rasch zu einem Ziel führen, ohne massive Nebenwirkungen mit sich zu bringen.

Bleiben Sie authentisch, ohne fies zu werden

Das Training von Verhalten ist nicht einfach und unterliegt vielen komplexen Bedingungen. Hier hat positive Strafe nichts verloren. Im Umgang miteinander dürfen jedoch auch Emotionen gezeigt werden, denn sie machen uns authentisch und lassen uns individuell reagieren so wie wir sind. Sie dienen nicht dazu, dem Hund tolle Dinge beizubringen. Sie dienen aber dazu, uns gegenseitig kennenzulernen und auch unsere individuellen Grenzen abzuschätzen. Sie machen uns zu einer Einheit, die sich versteht und miteinander umgehen kann.
Solange das Hauptaugenmerk auf der Gemeinsamkeit und dem Spaß miteinander liegt, sind schlechte Laune und negative Emotionen, die auch mal als Strafe ankommen können, etwas, was im Leben dazugehört und mit dem unsere Hunde und auch wir umgehen lernen können.
Hinweis: Das Thema Strafe ist hoch emotional und Diskussionen darum eskalieren schnell. Einen solchen Text dazu zu schreiben, führt immer zu Reaktionen. Ich bitte darum,

emotionsfrei zu lesen, und zu bedenken, dass ein solcher Text (egal, wie lang er ist) niemals alle Gegebenheiten abbilden kann. Der allergrößte Teil besteht darin, mit dem Hund erwünschtes Verhalten zu trainieren und gemeinsam Spaß mit ihm zu haben. Und genau darum sollte es in der Hundehaltung gehen.

Strafe

Stress

Annika Nowatzek

www.telling-stories.de

Stress bedeutet zunächst nichts anderes als »Anspannung« oder »Druck« (von lat.: stingere = anspannen). Diese Anspannung entsteht, wenn ein Körper auf einen Reiz, also einen Stressor, trifft. Medizinisch betrachtet kommt es zu einer psycho-physischen Alarmreaktion, die sich insbesondere auf das vegetative Nervensystem sowie auf die hormonbildenden Drüsen auswirkt. Hierin steckt schon eine erste wichtige Botschaft: Stress kann sich gleichermaßen körperlich wie psychisch auswirken!

Eine wichtige Entscheidung

Dieses Stresssystem – über das alle Wirbeltiere verfügen – ist Teil eines mindestens 60 bis 80 Millionen Jahre alten Gehirnsystems und hat den Zweck, das Überleben zu sichern. Vereinfacht gesagt, versetzt es ein Lebewesen in Alarmbereitschaft, um eine wichtige Entscheidung treffen und umsetzten zu können: fight or flight? – kämpfen oder flüchten? Beides dient im Zweifel der Selbsterhaltung. Und damit sind wir auch schon beim zweiten wichtigen Aspekt: Stress ist nicht ausschließlich negativ zu bewerten, er sorgt im Zweifel sogar für unser Überleben!

Zudem geht es ja nicht bei jedem Stressor gleich ums Ganze, ums nackte Überleben. Oft ist ein Reiz es gar nicht wert zu kämpfen oder zu flüchten. Und genau deswegen ist es ferner wichtig, kurzfristige Aufregung, Stimulation oder Herausforderung (vom Zoologen und Verhaltensforscher Udo Gansloßer als »Challenge« bezeichnet) von einem längerfristigen, krankmachenden Stresszustand zu unterscheiden. Letzterer kann das Kontrollsystem überlasten und damit nachteilige Konsequenzen für die körperliche und geistige Gesundheit nach sich ziehen.

Ein Quäntchen Stress ist nötig

Hand aufs Herz: Ohne diese kleinen Challenges im Alltag wäre unser Leben doch trostlos, oder? Wir würden morgens gar nicht aufstehen, wenn nicht etwas Cortisol im Spiel wäre. Ohne die entsprechende Aufregung vorher, wäre jeder unserer Vorträge wohl sehr dröge und manche von uns brauchen sogar zusätzlich hier und da mal einen Adrenalin-Kick beim Bungee-Jumping. Mäßiger und/oder gar selbst gewählter Stress scheint in unserem Leben also sogar notwendig und erwünscht zu sein. Genauso ergeht es unseren Freunden auf vier Pfoten auch – ok, das mit dem Bungee-Jumping vielleicht eher nicht, aber auch Hunde brauchen etwas Stress, um glücklich zu leben.
Jeder, der schon einmal einen Hund kurz vor seiner Lieblingsaktivität erlebt hat, wird gesehen haben, wie der Vierbeiner da unter Strom steht – so der Trailer beim Vorzeigen des

Geruchsträgers, der Jagdhund vor dem Apportieren oder der Agility-Hund kurz vor dem Parcours. Stress ist also auch abhängig von der Bewertung des Einzelnen, die übrigens im limbischen System erfolgt. Empfinden unsere Hunde Stress als angenehm (Eustress), ist er bis zu einer gewissen Grenze völlig in Ordnung. Wird er hingegen als negativ empfunden, so ist schon sehr frühzeitig darauf zu achten, dass die Stress-Exposition nicht zu oft oder zu lang erfolgt oder (und das ist fast noch wichtiger) dass wir das Stressempfinden positiv beeinflussen.

Auslöser von negativem Stress

Doch was kann unseren Hunden eigentlich alles (negativen) Stress bereiten? Da wären zunächst Umweltreize wie Hitze, Kälte, Lärm oder Berührungen. Auch körperliche Ursachen wie Krankheit, Schmerz oder Schlafdefizit können Stress verursachen. Wenn wir also relativ plötzlich und scheinbar unerklärlich vermehrt Stressanzeichen bei unserem Vierbeiner wahrnehmen, ergibt eine tierärztliche Abklärung Sinn. So wie beim Menschen spielen auch bei Hunden psychische Faktoren eine zunehmend wichtige Rolle bei der Stress-Entstehung. Dazu gehören häufig Reizüberflutung, massive Überforderung oder gar das Gegenteil, nämlich Langeweile und Unterforderung. Und zu guter Letzt sind Hunde hochsoziale Wesen, die auch darunter leiden können, dass ihre sozialen Bedürfnisse nicht erfüllt werden. Dazu gehören sozial negative Einflüsse wie Isolation (langes Alleinebleiben beispielsweise), Mobbing durch Artgenossen oder fehlende Rückzugsmöglichkeiten. Insbesondere bei den sozialen Aspekten spielen wir Menschen eine entscheidende Rolle. Unerfüllbare Erwartungen von Herrchen oder Frauchen führen gleichermaßen wie Vernachlässigung der sozialen Bedürfnisse oder gar eine instabile Bindung zu sehr massivem Stress bei Hunden.

Tipp: Haben Sie den Verdacht, dass Ihr Hund zu viel Stress haben könnte, lohnt es sich, in all den genannten Lebensbereichen ein wachsames Auge auf ihn zu haben und zu schauen, in welchen Situationen er besonders zu Stress neigt. Eventuell hilft Ihnen dabei ein Stress-Tagebuch. Darin dokumentieren Sie neutral, wann der Hund wieviel Stress hatte. Das kann nämlich sehr individuell sein!

Anzeichen von Stress ausmachen

Hunde zeigen Stress zwar unterschiedlich, doch gibt es einen Katalog an Stresssymptomen, die wir lernen können zu erkennen. Wird der Hund mit einem für ihn relevanten Stressor konfrontiert, zeigt auch er zunächst die klassische Aktivierung des vegetativen Nervensystems. Durch Ausschüttung von Adrenalin und Noradrenalin kommt es zu einer Steigerung der Herzschlag- und Atemfrequenz. Für die intensivere Atmung zieht er die Lefzen meist stark nach hinten, er hechelt und speichelt vermehrt. Zudem reißt der Hund die Augen weit auf – ein sogenanntes Stressgesicht entsteht. Zusätzlich kann es ggf. zu einer Piloerektion (Aufstellen des Fells) kommen.

Bei länger anhaltendem Stress kommt es zudem – wie bei uns auch – zu zahlreichen »Übersprungshandlungen«. Da einige davon auch im Kontext der Beschwichtigung von Artgenossen verwendet werden, sind sie meist unter dem Begriff »Calming Signals« geläufig. Die wohl am häufigsten gezeigten sind vermehrtes Kratzen, Schütteln und Züngeln, Gähnen und Pföteln. Doch auch andere Anzeichen von Stress und Übersprung sind möglich: So fiepen einige

Hunde oder bellen anhaltend. Wieder andere tippeln hin und her – es fällt ihnen sichtlich schwer, eine halbwegs ruhige Haltung anzunehmen. Die nächsten versuchen ihren Stress über nicht sexuell motiviertes Rammeln abzubauen oder werden sogar ungewöhnlich aggressiv. Selbst ein abnormes Trinkverhalten, völlig unmotiviertes Schnüffeln oder häufiges Urinieren sollten wir als Anzeichen für Stress auf dem Schirm haben. Auch die vermeintliche »Verweigerung« der Kooperation, sprich »das nicht mehr Umsetzen einfachster und gut erlernter Kommandos« sollte uns stutzig werden lassen – vielleicht steckt statt Ungehorsam ja Stress dahinter? Spätestens jedoch, wenn Ihr Hund seine liebsten Leckerchen in solchen Situationen nicht mehr annimmt, hat er so großen Stress, dass Sie die Situation unbedingt verlassen sollten – dann ist auch kein Üben oder Lernen mehr möglich.

Dann sollten Sie handeln

Vorsicht: Ein Stresssymptom macht noch keinen gestressten Hund. Aber spätestens dann, wenn Sie in gewissen Situationen vermehrt einige solcher Stress-Anzeichen bei Ihrem Hund wahrnehmen, er auch nach diesen Situationen noch ungewöhnlich rastlos ist und in ähnlichen Situationen immer wieder den gleichen, gestressten Eindruck macht, sollten Sie handeln. Denn ein langfristig erhöhter Stresspegel ist für Hunde genauso ungesund wie für uns Menschen. Schlafstörungen, innere Unruhe, diverse körperliche und psychische Erkrankungen können daraus resultieren. Wir sind alleine verantwortlich für den Stress unserer Hunde, niemand sonst! Die wenigsten Entscheidungen im Alltag können oder dürfen Hunde in unserer Gesellschaft selbst treffen, weshalb sie auch kaum Einfluss darauf haben, wie stressig ihr Leben ist.

Stress reduzieren

Was haben wir also für Möglichkeiten, den Stress unserer Hunde zu reduzieren?

- **Ruhe hilft gegen Stress!** Diese Faustregel ist so simpel wie wahr. Jede Form von Anleitung unserer Hunde zur Ruhe kann ihnen später in stressigen Situationen helfen, zu entspannen. Dazu gehören konditionierte Entspannung, Deckentraining oder auch Anleitung zur Impulskontrolle.
- **Training pausieren lassen!** Manchmal müssen wir bestimmte Situationen auch vorübergehend oder gar langfristig meiden, damit der Cortisol-Spiegel eines sehr gestressten Hundes erst einmal wieder herunterfahren kann.
- **Vorsichtige Desensibilisierung!** Besser als Meiden sind positive Lernerfahrungen: Bewältigt der Hund eine für ihn stressige Situation, kann er nämlich positive Eindrücke sammeln und sogenannte Coping-Strategien entwickeln (Strategien, die ihm kurzfristig über schwierige Situationen hinweghelfen). Am Anfang helfen zur Gewöhnung meist ganz viel Abstand und die Möglichkeit, sich einem Reiz freiwillig und nicht erzwungen zu nähern. Manchmal müssen wir sogar Vorstufen zum eigentlichen Training einbauen: Den Hund immer wieder ganz dosiert an den Stressor heranzuführen, ihn für jede Annäherung positiv zu bestätigen und dabei selbst mutig und gelassen an seiner Seite zu sein, kann helfen, sich Stück für Stück an einen stressigen Reiz wieder heranzutrauen, zu desensibilisieren.
- **Eine gute Bindung ist alles!** Hat Ihr Hund Vertrauen zu Ihnen, lässt er sich über Sie

auch an für ihn beängstigende Reize heranführen – so lautet die Idee hinter diesem Aspekt. Bauen Sie in entspannten Situationen viel Nähe und Vertrauen zwischen Ihrem Hund und sich auf, so wird er Ihnen fast überall hin folgen. Dazu dienen positive Trainingsformen, soziales Spiel oder auch gemeinsame, bindungsfördernde Hobbys, wie zum Beispiel das Apportieren. Positiver Nebeneffekt: Durch soziale Nähe wird Oxytocin ausgeschüttet – ein Gegenspieler der Stresshormone.

- **Belohnung erfreut, Strafe stresst!** Auch für die Trainingssituationen selbst lassen sich einige »entstressende« Empfehlungen aussprechen. Methodisch sind ein strukturiertes, kleinschrittiges Training mit ausreichenden Pausen und positiven Trainingstechniken von Vorteil. Auf Druck und Strafe sollte ebenso verzichtet werden wie auf häufige Verbote und Korrekturen, die demotivierend wirken und das Selbstvertrauen beeinträchtigen können. Zu vermeiden sind auch Über- und Unterforderung – denn sie können zu Stress führen. Übrigens sollten wir wegen potenzieller Stimmungsübertragung auch Stressoren für die beteiligten Menschen vermeiden.

Die Grundlage entspannten Lebens

Apropos Hobby, allgemein gilt: Es fördert die Stressresistenz ungemein, wenn Ihr Hund glücklich und ausgeglichen ist, seine Bedürfnisse also weitestgehend befriedigt sind. Als Grundlage eines stressfreien Lebens gilt es also, für eine Routine im Alltag zu sorgen, die Hund und Mensch gerecht wird. Für unsere Hunde geht es hier um so banale Grundlagen wie genügend Schlaf (was häufig verkannt wird), Futter und Bewegung, etwas Abwechslung durch mindestens ein gemeinsames Hobby – bei dem aber auch nicht zu viel Druck ausgeübt wird –, ausreichend soziale Kontakte sowie genügend, aber auch keine erzwungene Nähe zum Bindungspartner Mensch. Wer darauf achtet, hat im Hinblick auf »Stressanfälligkeit« schon einmal viel gewonnen.

Vorbeugen ist möglich!

Für den Start in ein möglichst stressfreies, gemeinsames Leben noch ein Tipp an all jene, die noch die (Hunde-)wahl haben: Prophylaxe ist alles. Wer einen besonders entspannten Begleiter für seinen Alltag braucht (und hier bitte ehrlich zu sich sein!), kann schon durch die passende Auswahl des Hundes ganz viel beeinflussen. Auf eine besonders stressanfällige Rasse oder Rassemischung sollten Sie dann jedenfalls verzichten, denn Gene können wir nicht wegtrainieren. Doch auch innerhalb einer Rasse gibt es noch große Unterschiede.

Grundsätzlich gilt: Entspannte Elterntiere haben entspannte Welpen! Und je ruhiger und stressfreier die Aufzucht, desto besser. Doch ein gutes Maß an Habituation und Sozialisation sollten natürlich sowohl beim Züchter/bei der Züchterin als auch bei Ihnen später stattfinden, damit Ihr Hund die Chance hat, umweltsicher und gelassen zu werden. Denn wenn das gelingt, ist Anti-Stress-Training bestenfalls gar nicht mehr nötig!

Stress

Training vs. Alltag

… ist definiert durch drei zentrale Punkte: Training hat ein (Trainings-)Ziel und eine Strategie. Ich lege nicht einfach los, sondern gehe gezielt und nach Plan vor. Training geschieht in einem kontrollierbaren Kontext, ohne unerwartete Ablenkungen. Es ist so gestaltet, dass der Hund es gut umsetzen und dabei möglichst keine Fehler machen kann. Nach dem Training sehe ich einen messbaren Lernfortschritt.

Wichtig: Training ist kein Alltag! Es gibt zum Beispiel keinen Tipp, mit dem die Leinenführigkeit sofort funktioniert. Die Lösung ist eine Kombination aus Management und Training: In konstruierten, berechenbaren Trainingssituationen wird gezielt das korrekte Laufen an der Leine (=Training) geübt. Gehe ich aber morgens schnell eine Runde mit dem Hund, damit er »auf dem Klo« war, bevor ich arbeiten muss, kann ich nicht ausgiebig auf Leinenführigkeit achten (= Alltag). Deshalb nehme ich meinen Hund in diesen Momenten etwa an ein bestimmtes Geschirr, an dem er nicht schön laufen muss und machen darf, was er möchte (= Management).

Mit immer mehr gezielten Trainingseinheiten, die verschiedene Aspekte der Leinenführigkeit trainieren, und mit dem Einbau von Ablenkungsreizen in die geplanten Situationen, greifen Training und Alltag Schritt für Schritt immer mehr ineinander. Das Ziel ist die perfekte Leinenführigkeit im Alltag.

Tinbergens vier Fragen

Nikolaas Tinbergen war ein Begründer der Verhaltensbiologie. Er hat sich vor allem mit der Verhaltensökologie auseinandergesetzt, also den Wechselwirkungen zwischen Verhalten und Umweltfaktoren. Dabei wird davon ausgegangen, dass ökologische Faktoren das Verhalten der Tiere beeinflussen, was das Überleben und den Fortpflanzungserfolg einiger Individuen erklärt. Auch die Ursachen und Entwicklungsumstände der Verhaltensweisen lassen sich anhand von Tinbergen analysieren.

Das folgende Beispiel liefert Antworten auf die Frage: **Warum singt die Amsel?**

- **Individualentwicklung** – weil sie den Gesang in der Jugendzeit gelernt hat.
- **Stammesgeschichtliche Entwicklung** – weil sich im Laufe der Evolution des Stammes dieser amseltypische Gesang entwickelt hat.
- **Zugrundeliegende Mechanismen** – weil das Frühjahr eine Hormonveränderung bewirkt, die sie zum Singen veranlasst.
- **Funktion im Verhalten** – um ihr Revier zu verteidigen und ein Weibchen anzulocken.

Territoriale Aggression

… ist die Verteidigung des Lebensraumes und gehört zum normalen Verhaltensspektrum des Hundes. Territoriale Verteidigung ist meist angstinduziert – sie entspringt der Annahme, dass wichtige Ressourcen verloren werden könnten. Sie äußert sich dadurch, dass der Hund verschiedene Orte und Plätze durch Bellen und Knurren bewacht und verteidigt, wie etwa Liegeplätze, das Auto, den Garten oder sogar Straßen. Ziel ist dabei, dass sich der sich nähernde Reiz – etwa ein Mensch oder anderer Hund – entfernt. Meist geht es dabei also um eine defensive Abwehrreaktion, die nur selten beschädigende Beißvorfälle zur Folge hat.

Übersteigertes Territorialverhalten kann sich auch gegen uns Halter richten, zur Selbstschutzaggression oder zur Verteidigung von Familienmitgliedern werden. Oft liegt eine genetische Veranlagung dahinter – besonders ausgeprägt sind territoriale Verhaltensweisen zum Beispiel bei Herdenschutzhunden. Sie entwickeln manchmal auch auf Spaziergängen den Territorialgedanken (»Alles, was ich sehen kann, gehört mir!«).

Territorialverhalten ist aber auch eine beliebte Beschäftigung unterforderter Hunde, die sich schnell ritualisiert. Sie erfährt immer wieder Bestätigung, wenn Menschen am Gartenzaun vorbeilaufen und nicht stehen bleiben. Der Hund denkt sich: »Ja, ich habe sie verjagt!«

Was tun? Der Mensch verstärkt oft ungewollt das Verhalten, zum Beispiel, indem er den Hund übermäßig schimpft, oder versucht, ihn zu beruhigen und damit unbewusst in seinem Verhalten bestätigt.

Besser ist es, dem Hund ein Alternativverhalten aufzuzeigen, ihn entsprechend auszulasten und Rituale einzuführen, die Sicherheit geben. Auch hilfreich: der positive Aufbau einer »sicheren Decke« oder einer Hundebox.

Taktile Kommunikation

Taktiles Kommunizieren geschieht oft mit dem Kiefer, zum Beispiel bei gegenseitiger Fellpflege (grooming), beim Schnauzenstupser oder Lefzenlecken, aber auch beim Beißen oder dem Schnauzengriff. Spielverhalten verlangt den Einsatz des ganzen Körpers, und auch Wegdrängen, Anrempeln oder Kopfauflegen sind taktile Verhaltensweisen. Reagiert ein Hund nicht auf unsere verbalen oder optischen Signale, können wir taktile Kommunikation nutzen. Dazu stupsen wir zum Beispiel den Hund freundlich an und vermitteln ihm so: »Hallo, ich spreche mit dir, du bist gemeint!«. Wird der Hund körperlich geblockt oder kämen körperliche Strafen zum Einsatz – zum Beispiel Leinenruck – würde das ebenfalls zur taktilen Kommunikation zählen.

Tierarzt-Training

Tierarzt-Training oder Medical Training wird leider viel zu oft vernachlässigt, ist aber (nicht nur) im Notfall immens wichtig. Je entspannter der Hund beim Tierarzt ist und je mehr er vorab an das Prozedere gewöhnt wurde, desto weniger Stress entsteht für Hund und Halter. Das Training umfasst mehrere Bereiche. Es geht darum, den Hund daran zu gewöhnen, sich überall anfassen zu lassen. Es sollte auch möglich sein, ihn in einer Position zu fixieren (»Sitz«, »Steh« oder »Platz«), außerdem wird die Situation in der Praxis vor Ort geübt.

Das Berühren-Lassen üben Sie mit Ihrem Hund am besten von klein auf. Es empfiehlt sich eine Leberwurst-Tube, an der der Hund immer genau in den Momenten schlecken darf, in denen Sie ihn gerade berühren und »untersuchen«. So verknüpft der Hund: Berührung = Leberwurst = toll! Üben Sie nacheinander Berührungen an Bauch, Pfoten, Schnauze, Lefzen und Ohren. Klappt das gut, stellen Sie Ihren Hund auf einen Tisch und wiederholen das Ganze. Der Hund sollte in keinem Moment Unwohlsein oder Meideverhalten zeigen. Tasten Sie sich langsam heran – im wahrsten Sinne des Wortes.

Die meisten Tierarztpraxen bieten an, vorab mit dem Hund oder Welpen einige Male zum Training vorbeizukommen, ohne, dass »etwas passiert«. Das ist unbedingt empfehlenswert, denn nicht nur die Behandlung an sich, sondern auch die ganzen neuen Gerüche in der Praxis, die anderen Hunde und meist auch die Aufregung des Halters sind neu und beängstigend. Nehmen Sie sich also Zeit und gehen Sie einige Male in die Praxis Ihres Vertrauens, nur um »hallo« zu sagen.

Halten Sie sich eine Weile im Wartezimmer auf und spielen Sie mit Ihrem Hund oder geben Sie ihm eine tolle Belohnung. Auch im Behandlungszimmer steht der Spaß im Vordergrund. Der Arzt darf dem Hund Leckerlis geben und ihn entspannt begrüßen. Vielleicht darf der Hund auch schon einmal kurz auf den Behandlungstisch und sich dort eine Belohnung abholen. Achtung: Zeigt der Hund bereits beim Hineingehen in die Praxis oder im Wartebereich ausgeprägtes Angstverhalten, gehen Sie wieder und arbeiten Sie sich beim nächsten Mal Stück für Stück vor. Gehen Sie immer erst einen Trainingsschritt weiter, wenn Ihr Hund in der erreichten Position angstfrei ist. Und: Bleiben Sie selbst entspannt! Seien Sie ein ruhiges und souveränes Vorbild und übernehmen Sie Verantwortung. Das ist auch für Sie eine tolle Übung, damit Sie im Ernstfall entspannt(er) bleiben können.

Tierschutz

Tierschutz können wir unterteilen in rechtlichen Tierschutz, emotionalen Tierschutz und wissenschaftlichen Tierschutz. Emotionaler Tierschutz entsteht aus unserer Fähigkeit des Mitempfindens und unserem Bedürfnis, Tiere zu schützen und Leiden zu vermeiden. Er ist subjektiv und abhängig von Kultur, Glaubenssätzen und der eigenen Erziehung. Der wissenschaftliche Tierschutz greift die Bedürfnisse der einzelnen Tiere auf. Wann entsteht Leiden für eine Tierart? Was genau ist jeweils artgerecht? Was ist einem Tier zuzumuten und was nicht? Diese Fragen versucht die Wissenschaft zu klären, um eine gesetzliche Grundlage gegen Tierleid zu schaffen. Da es immer wieder neue wissenschaftliche Erkenntnisse gibt, wird auch der gesetzliche Tierschutz immer wieder angepasst – in der Nutztierhaltung gibt es zum Beispiel immer strengere Auflagen. Als Bundesgesetze geben das Tierschutzgesetz sowie die Tierschutzhundeverordnung dabei einen gesetzlichen Rahmen zu Umgang, Training und Haltung unserer Vierbeiner.

Die wichtigste Aussage des Tierschutzgesetzes:

»Niemand darf einem Tier ohne vernünftigen Grund Schmerzen, Leiden oder Schäden zufügen.«

(§1 Satz 2 TierSchG)

Training

TRAINER BERICHTEN

Welcher Aspekt ist beim Training besonders wichtig?

Ariane Ullrich

www.mensch-hund-lernen.de

Am allerwichtigsten ist mir der gemeinsame Spaß und das gegenseitige Verstehen. Ohne Spaß an der Zusammenarbeit ist Training innerhalb kurzer Zeit für beide Seiten eine Qual. Ich empfehle: Erst ein Hobby finden, dann zur Grunderziehung übergehen. Die meisten gehen Grunderziehung sehr »ernsthaft« an – das Hobby ist hingegen die freudige Zusammenarbeit. Meist klappt das Hobby daher besser als die Grunderziehung. Dennoch muss der Trainingsaufbau stimmen. Ich bin auch beim Hobby ziemlich penibel und fordere meine Hunde. Spaß heißt nicht, dass das Training nur larifari ist, sondern dass wir gemeinsam echte Aufgaben bewältigen.

Beim Welpen geht es um den Aufbau von Sicherheit und Gemeinsamkeit, darum, das Selbstvertrauen zu stärken und Vorarbeit für die Zeit zu leisten, wenn der Hund erwachsen ist und eigene Interessen entwickelt. Gerade beim Welpen, der selbst noch sehr darauf konzentriert ist, in der Nähe zu bleiben, versuche ich dem Menschen das Prinzip »Weg-vom-Hund-ist-hin-zum-Hund« zu vermitteln: Wir sollten aufhören, ständig auf unsere Hunde einzureden und sie durch Locken, Fuchteln, Ziehen und Zerren zu beeinflussen. Besser: Abstand halten, beobachten und darauf reagieren, wenn der Hund von sich aus den Kontakt sucht und mit mir arbeiten will. Beim erwachsenen Hund ist mir wichtig, seine Bedürfnisse zu kennen. Was bringt er genetisch mit? Woran hat er Freude? Was könnte ein gemeinsames Hobby werden? Womit kann ich Verhalten sinnvoll und optimal verstärken? Jedes Tier ist individuell und ich muss mein Training an seine Grundbedürfnisse anpassen – das bezieht den Halter mit ein. Beide sollen ein Team werden und Freude aneinander haben. Dazu gehören Sicherheit, Vertrauen, Verständnis und Akzeptanz von beiden Seiten.

Mir geht es insgesamt weniger um Signal-/Verhaltensübungen, sondern vielmehr um das Einschätzen-Können im Alltag. Wenn ich weiß, wie mein Hund reagieren wird, kann ich problemlos mit ihm durch die Welt gehen, auch wenn er keine Signale ausführen kann. Ich weiß, ob er im Zweifel bei mir bleibt oder nicht. Übungen, die ich von Beginn an aufbaue, sind: beim Menschen das Lernen der Körpersprache des Hundes und die richtige Reaktion darauf, beim Hund der Blickkontakt und das Folgen meiner (leeren) Hand. Außerdem gehören von Anfang an Impulskontrollübungen mit dazu, bei denen der Hund durch seine Zurückhaltung seine Umwelt kontrollieren kann. Zum Beispiel: Die Tür geht auf, wenn der Hund hinter der Linie ist, und geht zu, wenn die Nase vor die Linie kommt. Dabei gebe ich meinem Hund die Möglichkeit, freiwillig das zu tun, was ich möchte. Ich bin auch Fan des freien Formens. Der Hund hat dabei das Gefühl, seine Umwelt beeinflussen zu können – was ein enormer Verstärker ist – und dennoch habe natürlich ich die Kontrolle über die Situation. Beide Partner lernen dabei unheimlich viel voneinander.

Kristina Ziemer-Falke

www.ziemer-falke.de

Wichtig ist mir vor allem, den Hundehalter und seinen Hund sowohl getrennt voneinander als auch als soziale Einheit zu betrachten. Der Hundehalter sollte seinen Hund lesen, verstehen und dessen Verhalten richtig einordnen können. Er sollte ihm dabei mit Respekt und Wissen gegenüberstehen. Nur so kann er in den verschiedenen Situationen, die der Alltag bereithält, auf seinen Hund eingehen und ihn entsprechend lenken und leiten. Der Hund soll hingegen lernen, Grenzen, Regeln und Strukturen von seinem Menschen zu verstehen, zu akzeptieren und umzusetzen. Das kann in bestimmten Phasen des Hundelebens, wie zum Beispiel in der Pubertät, für Unstimmigkeiten sorgen und eine Menge Geduld seitens des Halters erfordern. Ein harmonisches Miteinander beruht auf Verständnis und Vertrauen. Was braucht ein erwachsener Hund im neuen Zuhause? Ein Hund aus dem Tierschutz muss erst einmal ankommen dürfen in seinem neuen Zuhause. Je nach gemachten (und nicht gemachten) Erfahrungen kann der neue Aufenthaltsort mit fremder Umgebung, verschiedenen Menschen, vielen neuen und unbekannten Gerüchen und Eindrücken für Unsicherheit und Überforderung sorgen. Zeit, Geduld und kleinschrittiges Gewöhnen an das neue Leben stehen hier an erster Stelle. Jedoch sollten auch von vornherein Grenzen und Regeln aufgestellt werden. Das gibt dem neuen Mitbewohner einen stabilen Rahmen und eine klare Struktur für den Alltag. Selbstverständlich sollten diese Regeln und Grenzen immer der jeweiligen Situation angepasst und durchgesetzt werden. Auch ein fester Tagesrhythmus in den ersten Wochen oder sogar Monaten bietet sich hier an: feste Fütterungszeiten und -plätze, feste Rausgehzeiten, bekannter Spazierweg und so weiter. Diese – für den Hund vorhersagbaren – Dinge ziehen sich wie ein roter Faden durch den anfangs unbekannten Alltag und geben Orientierung und Sicherheit. Ist er dann gut angekommen, können einige dieser Rituale wieder aufgeweicht werden (neue Gassi-Wege, neue Tageszeiten). Ein fester Platz ist für den Hund außerdem wichtig, um zur Ruhe zur kommen. Er bietet Schutz und Sicherheit – ein Ort, an den sich der Hund nach Bedarf zurückziehen kann.

Wichtig ist, dem Welpen von Beginn an Entspannung beizubringen. Der Start in sein neues Leben ist geprägt durch viele verschiedene Eindrücke und viel Aufregung. Entspannung kann helfen, den Welpen psychisch und physisch in Einklang zu bringen, um seine innere Ruhe (wieder) zu finden. Das kann wunderbar über bewusst eingesetzte Massagen aufgebaut werden. Dafür wird der Moment genutzt, wenn der Welpe auf seiner Decke liegt. Mit den Fingerspitzen wird der Hundekörper ganz langsam und mit kreisenden Bewegungen massiert. Die Finger bleiben dabei stets am Hund. Die Pfoten und das Hundemaul werden gemieden. Gedanklich sollte der Hundehalter ganz bei seinem Welpen sein. Nur wenn der Mensch selbst den Alltag vergessen und sich auf seinen Vierbeiner konzentrieren kann, kommt auch der Welpe zur Ruhe. So können beide herunterfahren und stärken auch noch auf wunderbare Weise ihre Bindung. Für adulte Hunde bietet sich solch eine Entspannungsübung ebenso an.

Frauke Loup

www.hundeakademie.de

Aus meiner Sicht ist es immens wichtig, dass es im Hundetraining vorrangig um die Mensch-Hund-Beziehung, das Vertrauensverhältnis, die Freude am Miteinander und auch um den gegenseitigen Respekt geht. Gehorsamstraining, also das Beibringen und Abfragen von Signalen (wie »Sitz«, »Platz«, »Hier«, »Fuß«), ist auch sinnvoll, hat jedoch in der Regel nicht erste Priorität. Trainiere ich Welpen anders als einen erwachsenen Hund? Beim Welpen und Junghund geht es oftmals vorrangig um das Vertrautmachen mit neuen Situationen und um Sozialkontakte. Welpen sollten beispielsweise Umweltreize, Geräusche und das Begehen verschiedener Untergründe kennenlernen und Gelegenheiten für Menschen- und Hundekontakte haben. Beim erwachsenen Hund heißt es: schauen, in welchen Bereichen die Hundehalter Unterstützung benötigen. Manchmal handelt es sich um Auffrischungen, manches muss neu trainiert werden, oft geht es ums Lesen der hündischen Körpersprache.

Bei Hunden, die bereits erwachsen oder sogar im Seniorenalter sind, sollte der Halter bedenken, dass gewisse Verhaltensmuster eingefahren sein können und dementsprechend viel Zeit und Geduld nötig sind, um etwas zu verändern. Das geht uns Menschen mit unseren eigenen Gewohnheiten oft genauso. Ganz gleich, um welches Hundealter es sich handelt, Klarheit und Eindeutigkeit des Halters ist regelmäßig ein Thema im Training. Das mag simpel klingen, ist in der Umsetzung jedoch oft sehr schwer. Manchmal ist die Kommunikation zu schwammig. Teilweise ist es schwierig für den Hund, herauszufiltern, was der Mensch möchte, wenn er mal »Sitz«, im nächsten Moment aber »Jetzt setz dich mal« sagt. Oder er überlässt dem Hund in vielen kleinen Bereichen die Zuständigkeit, möchte aber wenn es darauf ankommt, die Entscheidungen treffen. Das passt aus Hundesicht nicht.

Arne-Christoph Winkler

www.die-rudelberater.de

Mir ist vor allem die Beziehung wichtig. Ein Hund ist für mich kein emotionsloses Sport- oder Trainingsgerät, das ich beliebig intensiv und nach eigenen Vorlieben bedienen kann. Er ist ein komplexer Sozialpartner, dem ich artgerecht zu verstehen geben muss, was er tun soll. Dabei sollten auch immer die situativen Bedürfnisse des Hundes erkannt und berücksichtigt werden. Wenn ich das nicht tue, wird der Hund nach Lösungsstrategien suchen, um seinen Bedürfnissen gerecht zu werden. Die daraus entstehenden Verhaltensweisen kann ich nur sehr schlecht beeinflussen. Je mehr ich im Training die Bedürfnisse meines Hundes berücksichtige, desto mehr kann ich die Verhaltensentwicklung kontrollieren und mein Trainingsziel erreichen. Trainiere ich Welpen anders als einen erwachsenen Hund? Jede Altersgruppe stellt besondere Anforderungen, die im Training Berücksichtigung finden müssen. Das ist bei uns Menschen nicht anders. Man stelle sich vor, die Kinder-, Jugend- und Seniorensportgruppe hätten jeweils denselben Trainingsplan. Da wäre bei dem einen schon die Luft raus, bevor sie bei dem anderen überhaupt erst drin ist. Neben den unterschiedlichen körperlichen Belastungsgrenzen spielen vor allem die altersbedingten Bedürfnisse eine Rolle. Welpen verfügen zum Beispiel über einen angeborenen ‚Folgedrang'. Das bedeutet, dass sie ab einer gewissen Entfernung zu ihren Bezugspersonen Angst bekommen und daraufhin die Distanz verringern möchten. Welpen, denen es egal ist, ob sie alleine sind oder nicht, würden in der Natur recht schnell zu einer leckeren Mahlzeit für andere Raubtiere werden. Da das aber für die Arterhaltung nicht sehr zuträglich ist, hat Mutter Natur den Folgedrang erfunden und ihn sicherheitshalber bei Welpen gleich genetisch verankert. Das macht das »Bleib-Training« oder auch das »Alleinebleiben-Training« sehr schwierig, beim Rückruf oder »Lockere-Leine-Gehen« können wir jedoch davon profitieren. Im Junghundealter passiert dann oft genau das Gegenteil: Der Folgedrang wird immer weniger und das Explorationsverhalten ausgeprägter, um später als selbstständiges Individuum existieren zu können. Schließlich kann man nicht sein ganzes Leben an Mamas Rockzipfel hängen. Dieser vollkommen natürliche Entwicklungsschritt hat auch einen erheblichen Einfluss auf das Lernverhalten. In dieser Zeit sollten wir uns auf die Rückorientierung des Hundes zum Halter fokussieren, indem wir dem Hund die selbstständig gezeigte Kontaktaufnahme so lohnenswert wie möglich gestalten. Sie sollte selbstständig gezeigt werden, und nicht immer nur, wenn der Hund angesprochen wird. Als Belohnungen eignet sich alles, was der Hund in dem Moment gerne machen möchte. Wenn er zum Beispiel seinen Teenie-Kumpel sieht und mit ihm spielen möchte, leine ich ihn erst ab, wenn er mich kurz angeschaut hat, oder sich neben mich setzt. So bekommt er das, was er will, für das Verhalten, das ich trainieren möchte. Futterbelohnungen eignen sich natürlich auch immer gut, besonders, wenn ich keine Ahnung habe, was dem halbwüchsigen Rabauken gerade im Kopf herumgeht. Auch Senioren trainieren bis ins hohe Alter gern, wenn wir die Intensität des Trainings an die körperliche Belastbarkeit anpassen. Außerdem sollten wir auch den geistigen Zustand der älteren Herrschaften berücksichtigen. Es gibt nicht wenige Hunde, die im Alter auch an Demenz erkranken. Für Senioren gilt also: alles ein bisschen langsamer, dafür aber mit erhöhten Motivationsmitteln. Das hat man sich im Alter schließlich verdient!

Die selbstständige Rückorientierung zum Halter ist ein tolles Mittel, um Alltagsstress mit den Fellnasen zu vermeiden und die Bindung zu verbessern. Häufig geht der Start der Interaktion vom Halter aus, und erfolgt meist nur bei unerwünschten Verhaltensweisen des Hundes. Die Kontaktaufnahme seitens des Hundes hat oft weniger relevante Folgen, sodass es zu einer entsprechenden Verhaltensentwicklung (weg vom Halter) kommt. Bei der selbstständigen Rückorientierung geben wir dem Hund zu verstehen, dass es sich durchaus lohnt, selbstständig mit dem Halter in Interaktion zu treten. Der Trainingseinstieg ist einfach. Wie immer starten wir das Training in einer ablenkungsarmen Umgebung, die dem Hund vertraut ist. Hier versuchen wir den Hund auf uns aufmerksam zu machen und einen Blickkontakt herzustellen. Das funktioniert mit Schnalzgeräuschen meist sehr gut. Wenn ich schnalze und mich mein Hund daraufhin neugierig anguckt, hat er sich sofort eine Futterbelohnung verdient. Wenn das einige Male wiederholt wurde, kommt der Hund ziemlich schnell auf die Idee, selbstständig zum Halter zurückschauen. Sobald der Hund das macht, bekommt er sofort wieder eine Futterbelohnung. Auf diese Weise kann ich dem Hund beibringen, dass die selbstständige Rückorientierung ein äußerst lohnenswertes Verhalten ist. Jetzt lässt sich die Ablenkung in ganz kleinen Schritten steigern. Achten Sie beim Trainingsaufbau unbedingt darauf, dass während der Rückorientierung der Ablenkungsreiz nicht näherkommt. Sonst kann es passieren, dass der Hund sich immer weniger an uns orientiert, sondern die Ablenkung im Auge behält.

Trainer berichten

Trennungsstress

Alleinebleiben ist nicht schwer ... wenn wir wissen, wie wir das Thema angehen. Denn eines steht fest: Das machen unsere Hunde nicht automatisch, es muss geübt werden.

ALLEINEBLEIBEN

Ihr Hund möchte nicht alleine bleiben?
Das ist erst einmal total normal! Unsere Hunde sind – wie auch wir Menschen – hoch soziale Wesen, welche die Gemeinschaft für ihr seelisches Gleichgewicht und zum (Über-)Leben brauchen. Für den Haushund kann dieser Sozialpartner entweder ein anderer Artgenosse oder eben der Mensch sein. Faszinierend dabei ist, dass der Hund den Menschen tatsächlich als vollwertigen Sozialpartner anerkennt. Laut Forschungen wählen einige Hunde sogar lieber den Menschen anstelle eines anderen Hundes. Hunde binden sich eng an ihre Menschen und verstehen es nicht, wenn wir sie alleine lassen.

Hat mein Hund Trennungsstress oder ist ihm nur langweilig?
Tatsächlich hat Ihr Hund nicht gleich Trennungsstress, nur weil er mal etwas kaputt macht, wenn er allein zu Hause ist. Vielleicht hat Ihr (Jung-)Hund gerade einfach zu viel Energie – und die Couch hat schließlich den Streit angefangen. Geraten Sie dann nicht in Panik, behalten Sie aber die Entwicklung im Blick, lasten Sie den Hund entsprechend aus und üben Sie weiterhin das ruhige Alleinebleiben. Echten Trennungsstress erkennen Sie vor allem an immer intensiver werdenden Lautäußerungen sowie an Beschädigungen an Ausgängen (Fenstern und Türen). Der Hund versucht verzweifelt, Ihnen zu folgen. Denn fehlt der Mensch als Sicherheit, ist das für Ihr Tier nicht nur unlogisch, sondern sogar biologisch gefährlich. Ohne die gemeinschaftliche Stärke der Gruppe ist man für potenzielle Feinde angreifbarer. So versucht der Hund oft zunächst durch Lautäußerungen (Bellen und Jaulen), den Menschen zurückzuholen. Dieses Verhalten ist eine angeborene Überlebensstrategie. Im frühen Welpenalter nutzen Hunde ein lautes Fiepen, um die Mutter auf sich aufmerksam zu machen.

Was kann ich tun, damit mein Hund keinen Trennungsstress bekommt?
Angsthunde können meist schlechter alleine bleiben als offene und ausgelassene Tiere. Ist eines der Elterntiere ängstlich und wenig

stressresistent, ist die Wahrscheinlichkeit hoch, dass diese Eigenschaft auch an die Welpen weitergegeben wird. Vor allem das Wesen der Mutterhündin und ihr Umfeld sind hier entscheidend. Eine gestresste, aufgeregte Mutter kann den Welpen bereits im Mutterleib das Stresshormon Cortisol übertragen. Sie bringt also Welpen zur Welt, die insgesamt ängstlicher und wenig stressresistent sind. Trennungen werden ihnen schwer fallen. Kommt der Welpe in sein neues Zuhause, wird er das erste Mal mit Trennungsstress konfrontiert. Er wird aus seinem gewohnten Umfeld herausgerissen, wichtige Sozialpartner fehlen. Der Umzug sollte daher möglichst aufregungslos stattfinden, damit sich der Hund nun in Ruhe neue Sicherheitsreize schaffen und neue Bindungspartner finden kann. Sobald sich der Welpe in seiner neuen Umgebung wohlfühlt, sollte ihm bereits in sehr kurzen Einheiten das Alleinebleiben nähergebracht werden. Er muss nun Schritt für Schritt lernen, dass mit dem Weggang des Menschen keine Gefahr droht und er entspannt bleiben kann. Der Mensch kommt schließlich immer wieder zurück. Sich jetzt ausreichend Zeit zu nehmen, um den Hund langsam und schrittweise daran zu gewöhnen, später auch einmal mehrere Stunden alleine zu bleiben, ist entscheidend für ein möglichst trennungsstressfreies Zusammenleben. Schaffen Sie Rituale mit einem immer gleichen Ablauf, damit Ihr Hund weiß, was auf ihn zukommt (er bleibt jetzt gleich alleine). Das gibt Ihrem Hund Sicherheit.

Ein solches Ritual könnte folgendermaßen aussehen: Sie bereiten ein Schleckspielzeug vor und platzieren es für den Hund gut sichtbar (etwa auf dem Esstisch). Dann machen Sie sich fertig, packen Ihre Sachen, ziehen Schuhe und Jacke an. Bringen Sie Ihren Hund nun in den Raum, in dem er alleine bleiben soll und wo Sie mit ihm bereits das Alleinebleiben geübt haben (ein abgegrenzter Raum gibt ebenfalls Sicherheit, zum Beispiel Ihr Schlafzimmer). Manchen Hunden hilft es, wenn Sie zudem noch das Radio und/oder den Fernseher einschalten. Geben Sie Ihrem Liebling dann das Schleckspielzeug und verlassen Sie das Haus. Schnell wird er verstehen, dass das leckere Schleckspielzeug Ihren Weggang ankündigt. Besonders schlaue Vertreter huschen dann meist schon in das Zimmer, in dem sie immer alleine bleiben.

Üben, üben, üben!

Diese Rituale funktionieren natürlich nur dann im Ernstfall (wenn Sie wirklich einmal längere Zeit weg sind), wenn Sie sie vorab oft genug mit Ihrem Hund durchlaufen haben. Üben Sie also immer wieder, dass Sie Ihren Hund mit dem Schleckspielzeug in das Zimmer bringen. Schließen Sie kurz die Türe, und kommen Sie wieder ins Zimmer zurück, ohne Ihren Hund groß zu beachten. Sie kommen und gehen, als wäre es das Selbstverständlichste der Welt. Ihr Hund lässt das Schleckspielzeug links liegen? Gehen Sie ein paarmal rein und raus, irgendwann wird es Ihrem Hund zu blöd werden und er wird sich entspannt der Leckerei widmen. Variieren Sie dann langsam die Zeiten, in denen der Hund allein im Zimmer bleiben soll. Achten Sie darauf, dass Sie diese nicht konstant steigern, sondern abwechselnd länger und kürzer weg sind. Zu Anfang reden wir von ein paar Sekunden, bald werden daraus Minuten und schlussendlich Stunden. Tipp: Das Training geht leichter von der Hand, wenn Ihr Hund vorab eine große Runde Gassi war, und dabei auch sein Köpfchen ein wenig anstrengen durfte.

Was, wenn der Hund bereits Probleme hat? Auch hier bieten sich (neue) Rituale und ein schrittweiser Trainingsaufbau an. Besonders wichtig: Bringen Sie Ihren Hund, während Sie trainieren, nicht in die Situation, wieder in alte Stressmuster verfallen zu müssen. Gehen Sie also sehr kleinschrittig vor und lassen Sie Ihren Hund in dieser Zeit NIE wirklich alleine. Sie bleiben immer in der Nähe und schaffen sehr kontrollierte und gestellte Trainingssituationen. Müssen Sie etwa in die Arbeit und der Hund kann nicht mit, suchen Sie sich bitte einen Hundesitter, solange Ihr Hund noch nicht sicher alleine bleiben kann. Jeder Trennungsstress-Rückfall wird Sie im Training Meilen zurückwerfen.

Alleinebleiben

U — WIE …

Überschattungen

Ähnlich wie bei der einer Reizkombination wurde auch hier nicht allein das akustische Signal als Verhaltensauslöser beim Hund abgespeichert. Werden für ein Signal mehrere Reize gleichzeitig genutzt – also zum Beispiel Sicht- und Hörzeichen – lernt der Hund, auf das für ihn stärkste Signal zu reagieren, und alle anderen zu ignorieren.

Da Gestik und Mimik für Hunde meist wichtiger sind als akustische Signale, sucht der Hund sich meist das Sichtzeichen aus. Er reagiert hier also nur auf das Sichtzeichen und hat das akustische Signal nicht mitgelernt.

Ein Beispiel: Damit der Hund sich setzt, werden im Training das Hörzeichen »Sitz« und der erhobene Zeigefinger verwendet. Der Hund setzt sich daraufhin zuverlässig hin. Wird jedoch plötzlich nur das verbale Signal »Sitz« genutzt und der Halter zeigt eine andere Gestik oder nimmt eine andere Körperhaltung ein, reagiert der Hund nicht mehr. Das bedeutet nicht, dass er nicht möchte, er hat sich eben nur den erhobenen Zeigefinger als bedeutendstes Signal für die Handlung »Hinsetzen« herausgesucht.

● **Trainingstipp:** Überschattung vorhanden?

Achten Sie im Training einmal darauf, auf welches Ihrer Signale Ihr Hund wirklich reagiert. Sagen Sie ihm zum Beispiel »Platz« und nutzen Sie Ihr Sichtzeichen für Sitz – was macht Ihr Hund? ●

Übersprungshandlung

Der Begriff von Nikolaas Tinbergen bezeichnet Verhalten, das scheinbar nicht zur aktuellen Situation passt; etwa ein Hund, der sich zum Beispiel plötzlich grundlos kratzt oder bellt. Dieses scheinbar nutzlose und überflüssige Verhalten hat dennoch einen Sinn. Es wirkt deeskalierend, klärt Konflikte und baut Stress ab.

Hauptsächlich wird Übersprungsverhalten durch drei Situationen ausgelöst:

- **Der Hund hat einen Konflikt:** Er kann sich nicht entscheiden, welche Handlung von zwei gleichwertig motivierten er ausführen möchte oder er möchte eine Handlung ausführen, hat aber zum Beispiel Schmerzen.
- **Der Hund hat Stress:** Er wird unter Druck gesetzt, überfordert, seine Lernleistung lässt nach, eine neue ungewohnte Situation tritt auf.
- **Der Hund wird an etwas Tollem gehindert:** Er muss sich setzen, obwohl er spielen möchte, er will einen anderen Hund begrüßen, wird aber durch die Leine daran gehindert.

Übersprungshandlungen sind vielfältig. Es kann sein, dass der Hund sich plötzlich kratzt, schüttelt oder leckt, bellt, winselt, in die Leine beißt, buddelt, niest oder schnüffelt.

Auch überdrehtes Spielverhalten, Aufreiten, oder plötzliches langes Trinken am Wassernapf wird gerne als Übersprungsverhalten genutzt.

Achtung: Übersprungshandlungen können auch Strategien werden! Lernt der Hund, dass er mit einer bestimmten Handlung seine Interessen beim Halter durchsetzen kann, merkt er sich diesen Zusammenhang und kann das Verhalten auch später abrufen.

Ultrakurzzeit-Gedächtnis

... wird auch sensorisches Gedächtnis genannt. Es ist eine Art Zwischenspeicher, der von den Sinnesorganen Informationen bekommt. Diese kreisen einige Sekunden im Gehirn. Wenn sie nicht empfangen und verarbeitet werden, werden sie vergessen und machen Platz für neue Eindrücke.

Viele Eindrücke, wie zum Beispiel ein vorbeifliegender Vogel, werden unverstanden vergessen. Wenn Informationen der Sinneseindrücke als wichtig erscheinen, werden sie aufgenommen und ans Kurzzeitgedächtnis weitergeleitet. Dort stehen sie für Reaktionen und Denkprozesse zur Verfügung. Sie werden mit gemachten Erfahrungen verglichen und aktualisiert.

Durch Übung und viele Wiederholungen gelangen Eindrücke ins Langzeitgedächtnis. Dort sitzen Prozesse, die dauerhaft abrufbar bleiben sollen. Besonders emotionale Erlebnisse (Traumata) gelangen sehr schnell ins Langzeitgedächtnis.

Umgerichtete Aggression

Die umgerichtete Aggression gehört zum Bereich der Umorientierung. Sie kann sich sowohl gegen Menschen als auch gegen ein anderes Tier oder einen Gegenstand richten; der Aggressionsauslöser ist dabei jedoch ein anderer. Meist ist Frustration die Ursache.

Ein Beispiel: Ein Hund rennt zusammen mit seinem Hundekumpel an den Zaun und verbellt einen vorbeilaufenden Artgenossen. Aus Frust, den Hund auf der anderen Seite des Zauns nicht erreichen zu können, greift er seinen Hundekumpel an. Er lässt das aufgestaute

Aggressionsverhalten an seinem Kumpel aus, obwohl der andere Artgenosse der Aggressionsauslöser war.

Umkonditionierung

Das ist eine Trainingstechnik im Bereich der instrumentellen Konditionierung. Dabei bringen wir dem Hund bei, in einer bestimmten Situation mit einem anderen Verhalten als bisher zu reagieren. So lassen sich unerwünschte Verhaltensweisen gut kontrollieren. Springt der Hund zum Beispiel gerne an Besuch hoch, verlangen wir von ihm eine Handlung, die mit dem Hochspringen unvereinbar ist – etwa ein »Sitz«. Der Hund sollte das »Sitz« dafür sicher beherrschen. Für das schöne Sitzen können wir den Hund wiederum loben und ersparen uns Diskussionen und Strafen.

Hat er gelernt, bei Hundebegegnungen immer wie wild in die Leine zu springen, ist ein Teil des Trainings mit Sicherheit ein Desensibilisierungstraining (die Reaktion auf den anderen Hund wird gemildert) und eine Gegenkonditionierung (das Gefühl – eventuell Frust oder Angst – dem anderen Hund gegenüber wird modifiziert). Zusätzlich ist eine Umkonditionierung sinnvoll. Hier bringen wir dem Hund anstelle des »In-die-Leine-Springens« ein anderes Verhalten bei. Das kann ein Handtarget sein, ein »Schau« oder ein sicheres Fußlaufen. Dieses Verhalten bauen wir erst in einem reizarmen Kontext sicher auf, bevor wir es wieder in die Situation der Hundebegegnung bringen. Das Ziel: Anstatt sich bei einem anderen Hund wie wild in die Leine zu werfen, schafft es der Hund nun, Fuß zu laufen. Das Fußlaufen ist unvereinbar mit einem Nach-vorne-Gehen. Ein neues Verhalten und damit eine sinnvollere Strategie wurde etabliert.

Unterwerfung

... ist eine Demuts- und Beschwichtigungsgeste in der sozialen Kommunikation. Es wird zwischen aktiver und passiver Unterwerfung unterschieden. In beiden Fällen ist die Haltung geduckt und der Hund zeigt das typische Demutsgesicht: Die Mundwinkel sind lange nach hinten gezogen, die Ohren sind angelegt und zeigen nach unten.

Passive Unterwerfung

Der sich Unterwerfende liegt still (auf dem Rücken), bewegt sich nicht, wendet den Kopf ab und versucht nicht, Kontakt aufzunehmen.

Der rechte Hund zeigt eine passive Unterwerfung dem linken Hund gegenüber. Er liegt auf dem Rücken und bietet seinen Bauch dar. Zusätzlich sieht man, wie er zur Beschwichtigung züngelt.

Foto: ©Tanja/stock.adobe.com

Foto: ©fotografie4you.eu/stock.adobe.com

Eine aktive Unterwerfung bei Wolfswelpen.

Es kann auch sein, dass der Hund dabei etwas Urin verliert. Dieses Verhalten entspringt der Welpenzeit. Die Mutter dreht die jungen Hunde auf den Rücken und leckt ihnen den Bauch, bis sie Kot und Urin absetzen.

Aktive Unterwerfung

Dabei sucht der sich Unterwerfende Körperkontakt. Der Kopf ist zugewandt, er will das Maul und die Lefzen des anderen Hundes lecken. Das Verhalten wird häufig zur Begrüßung genutzt. Auch hier entspringt das Verhalten der Welpenzeit: Wolfswelpen stoßen die Maulwinkel ausgewachsener Wölfe nach der Jagd an, woraufhin diese Futter hervorwürgen.

Auch bei uns Menschen zeigen Hunde häufig dieses Begrüßungsverhalten, indem sie uns anspringen und versuchen, unser Gesicht abzulecken. Wird das Verhalten zu ruppig, sollten wir die Aufmerksamkeit des Hundes umlenken und ihm in der Situation eine andere Aufgabe geben.

V — WIE ...

Vergessen

... können Hunde nicht. Gelerntes bleibt dauerhaft im Gehirn gespeichert. »Vergessen« bedeutet in dem Fall also nur, dass das Wissen gerade dem Bewusstsein nicht zur Verfügung steht oder von etwas überlagert wird, das im Moment wichtiger ist. Die Nervenverknüpfungen bleiben jedoch erhalten. Eine Extinktion kommt dem Vergessen sehr nahe: Dabei wird ein bestimmtes Verhalten nicht mehr belohnt – es lohnt sich nicht mehr – und daraufhin eingestellt.

Beispiel Betteln am Tisch: Bekommt der Hund jeden Tag etwas, wenn er bettelt, und dann plötzlich nicht mehr, wird er nach einiger Zeit nicht mehr betteln. Bei der Extinktion kann es aber auch jederzeit zu einer **Spontanerholung** kommen: Fällt vom Tisch plötzlich doch mal wieder etwas ab, kommt das Bettelverhalten sehr schnell zurück – die Nervenverbindungen sind ja noch vorhanden. Je häufiger wir ein Verhalten abfragen oder trainieren, desto dicker und stabiler werden diese Nervenverbindungen. Wird ein Verhalten kaum oder gar nicht wiederholt, werden die Verbindungen sehr dünn. Der Vorteil: Auch Übungen, die wir lange nicht gemacht haben, hat der Hund schnell wieder drauf. Der Nachteil: Fehlverhalten ist nie komplett weg und kann immer wieder zum Vorschein kommen.

Verhalten

Die drei Hauptmotive für Verhalten sind Fortpflanzung, Bedarfsdeckung und Schadensvermeidung. Wir unterscheiden bei Hundeverhalten: ererbtes Verhalten, angeborenes Verhalten, gereiftes Verhalten, erlerntes Verhalten und geprägtes Verhalten. Angeborene und vererbte Verhaltensweisen werden durch Erlerntes modifiziert. Bestimmte Verhaltensweisen reifen heran und werden durch Übung laufend verbessert.

- **Ererbt:** genetisch von den Eltern vererbte Anlagen
- **Angeboren** (im Mutterleib: Stress, Virusinfektion): Wenn es zum Beispiel nur eine Hündin in einem Wurf mit lauter Rüden gibt, ist sie während der Schwangerschaft einem hohen männlichen Hormonspiegel ausgesetzt und kann später rüdenhaftes Verhalten zeigen (Maskulinisierung). Dies ist nicht ererbt, sondern wurde durch die Bedingungen vor der Geburt begünstigt.
- **Gereift** (Verhaltensentwicklung in der Pubertät): Gereiftes Verhalten meint die genetisch vorprogrammierte Verhaltensentwicklung. Während der Pubertät reift das Verhalten am intensivsten.
- **Erlernt** (durch Lernprozesse): alle Verhaltensänderungen, die auf Lernerfahrungen zurückzuführen sind
- **Geprägt:** sehr intensiv gelerntes Verhalten in einer genetisch fixierten Zeitspanne (Sozial Sensible Phase), das sich kaum löschen lässt.

Auf diese Verhaltensprozesse wirkt die Umwelt. Verhalten wird erst gezeigt, wenn innere Reize (Motivation, Genetik, Schadensvermeidung) und äußere Reize (Umwelt, Auslöser) zusammenwirken und den Schwellenwert erreichen. Ein Hund geht also nur zum Napf (äußerer Reiz), wenn er hungrig ist (innerer Reiz) und seinen Inhalt als wertig genug ansieht.

»Verhalten ist zu 100 % ererbt und zu 100 % erlernt«

Nikolaas Tinbergen

Ist Verhalten vererbt oder erworben? Beides!
Ein Beispiel: Jeder Hund, der auf die Welt kommt, hat die Fähigkeit zu knurren. Er muss nicht lernen, wie man knurrt. Wie man das Knurren aber richtig einsetzt, in welchem Kontext, welcher Lautstärke und zu welchem Zweck – das muss er erst erlernen.

Verhaltenssequenz

Eine Verhaltenssequenz am Beispiel »zum Napf gehen«:

Äußere + Innere Reize —>	Latenzzeit —>	Schwellenwert —>	Appetenzverhalten
Gefüllter Napf + Hunger			Zum Napf gehen

Aktivitätsphase —>	Endhandlung —>	Erlöschen der Motivation —>	Refraktäre Phase
Fressen	Sättigung		Keine Handlung mehr

Verhaltensforschung

Ethologie

Forscher beobachten, beschreiben und kategorisieren Verhaltensweisen einer Tierart aus verschiedenen Blickwinkeln und unter verschiedenen Gesichtspunkten. Ein Ethogramm ist die Gesamtheit aller Verhaltensweisen einer Tierart. Sie sind in der Regel Funktionskreisen zugeordnet. Diese können zum Beispiel sein: Jagdverhalten, Sexualverhalten, Spielverhalten, Komfortverhalten usw.

Verlängern eines Verhaltens

Vor allem bei Übungen wie »Sitz« oder »Platz« wünschen wir uns, dass unser Hund das Verhalten länger zeigen kann. Am besten führen wir dazu vorab ein Auflöse-Signal ein (etwa »Ok« oder »Lauf«), woraufhin der Hund das Signal auflösen – also etwa wieder aufstehen darf. Dadurch ist der Zeitraum der Handlung immer klar definiert. Wollen wir ein »Sitz« verlängern, geben wir dem Hund das »Sitz«-Signal und loben ihn, solange er schön sitzt. Dazu können wir ihm Leckerlis geben und auch duales Feedback – durchgehende verbale Rückmeldung – hilft sehr. Bevor der Hund es nicht mehr aushält und aufsteht, sagen wir »Ok« und lösen das »Sitz« auf. Langsam und schrittweise können wir so verlangen, dass der Hund immer länger sitzen bleibt und geben unser Auflöse-Signal immer später. Verlängern Sie die Zeit nicht kontinuierlich, sondern bauen Sie auch immer wieder kürzere Einheiten ein. Viel Erfolg!

Verstärker

Ein Verstärker kann alles sein, was der Hund toll findet und bei ihm ein gutes Gefühl auslöst. Im Hundetraining sprechen wir von positiven und negativen Verstärkern, wobei positiv und negativ mathematisch zu sehen sind: Bei einem positiven Verstärker füge ich etwas Angenehmes hinzu, bei einem negativen nehme ich etwas Unangenehmes weg. Ein positiver Verstärker kann also ein Leckerli sein, ein Spielzeug, ein Lobwort oder eine Streicheleinheit. Ein negativer Verstärker ist das Entspannen der Leinenspannung, die Wegnahme einer körperlichen Bedrohung oder das Nachlassen von Schmerzen. Jeder Hund hat eine eigene Ansicht, was er als Verstärker ansieht. Wir sollten bei der Auswahl vor allem auf seine Vorlieben achten: Was findet der Hund wirklich toll und bei was wünschen wir uns vielleicht nur, dass er es toll findet (siehe positive/negative Verstärker)?

Vorsitz

Der Vorsitz bezeichnet eine Verhaltenskette, die zum Beispiel bei der Begleithundeprüfung verlangt wird. Dort wird der Hund meist ins »Hier« gerufen, soll schnell zum Halter laufen, sich ohne ein weiteres Signal gerade vor diesen hinsetzen und dort bleiben, bis ein weiteres Signal (meist ist es ein »Fuß«) folgt. Wichtig beim Aufbau dieser Übung – wie bei jeder Verhaltenskette – ist, dass wir dem Hund die einzelnen Schritte nacheinander beibringen. Zum Beispiel üben wir zunächst das gerade Sitzen. Sobald das gut klappt, bauen wir das Herankommen davor. Außerdem sollte während des Trainings zusätzlich auch immer wieder das Herankommen und nicht immer nur das Vorsitzen belohnt werden.

Ein Vorsitzen mit Beute sollte der Hund bei jagdlichen Prüfungen zeigen können (wird auch bei manchen Hundesport-Prüfungen verlangt). Dabei hält der Hund Dummy, Apportel oder Beute im Fang und setzt sich vor den Halter. Erst auf Signal darf der Hund den Apportiergegenstand loslassen. Der Hintergrund im Jagdgebrauch: Beute, die eventuell nur angeschossen ist, könnte ohne die richtige Abgabe wieder entwischen, was meist eine schwierige Nachsuche bedeutet. Damit Jäger (der ja eine Waffe trägt) und Hund nicht verletzt werden, sitzt der Hund idealerweise so lange mit der Beute fest im Fang, bis wir sie ihm sicher abnehmen können. Um den Vorsitz mit der Beute ausführen zu können, benötigen einige Hunde recht viel Übung. Rein physiologisch ist das Sitzen mit Beute beim Hund als Beutegreifer nicht vorgesehen. Ein Wolf würde sich niemals mit seiner Beute im Fang hinsetzen – warum auch? Er trägt die Beute an einen sicheren Ort und verzehrt sie dann. Sitzen mit Beute ergibt von sich aus erst einmal keinen Sinn, es kann aber Schritt für Schritt geübt werden, zum Beispiel mit Hilfe eines Placeboards (siehe Placeboard).

Übrigens ... bei Dummy-Prüfungen ist kein Vorsitz nötig, hier soll der Hund den Dummy lediglich sicher in die Hand abgeben – egal in welcher Position!

W — WIE ...

Welpengruppe

Eine gute Welpengruppe zeichnet sich dadurch aus, dass die Gruppe nicht zu groß ist und genügend Trainer vorhanden sind. Das Sozialspiel sollte – so gut wie möglich – mit Hunden unterschiedlicher Rassen, aber des (möglichst) gleichen Charakters stattfinden – wilde und ruhige Hunde untereinander. Die Atmosphäre sollte entspannt sein; Sie sollten sich wohlfühlen. Der Trainer sollte das Spiel moderieren. Er greift also ein, wenn es zu wild wird und leitet die Halter an, dem eigenen Hund Schutz zu geben. Sie sollten dabei lernen können, Ihren Hund zu lesen und besser zu verstehen. Neben dem Sozialspiel sollte auch die Einübung von Grundsignalen und die Vermittlung theoretischer Fachkenntnisse gewährleistet sein. Hat der Trainer ein offenes Ohr für Ihre Fragen und Sorgen? Kann er Ihnen verständlich und nachvollziehbar antworten? Es sollte unbedingt mit viel Ruhe und natürlich mit Lob und Motivation gearbeitet werden.

Welpentraining

Beim Welpen sollten vor allem drei Aspekte im Vordergrund stehen:

- die **Sozialisierung** (Gewöhnung an die belebte Umwelt: Artgenossen, andere Lebewesen),
- die **Habituation** (Gewöhnung an die unbelebte Umwelt: Außenreize, Stadt, Zug, Staubsauger)
- und die **Bindungsarbeit**

Der Hund soll ein Urvertrauen in seine/n Menschen entwickeln können und lernen, dass er immer als rettender Hafen dient, wenn etwas gruselig wird.

Wir wollen später einen selbstsicheren, souveränen erwachsenen Hund. Die Grundsteine dazu werden schon bei der Auswahl der Elterntiere und beim Züchter gelegt. Wir können helfen, indem der Welpe möglichst viele positive Erfahrungen gemeinsam mit uns sammeln darf. Er sollte im eigenen Tempo mit uns an seiner Seite alles erkunden dürfen, während wir auf Stresszeichen achten und den Ausflug ggf. frühzeitig beenden.

Wirksamkeit

Bei der Wirksamkeit geht es um Mittel, die dabei helfen, die Motivation des Hundes zu fördern:

1. Dinge, die dazu dienen sollen, meinen Hund zu motivieren, sollten nicht zur freien Verfügung stehen, sonst verlieren sie an Wirkung. Beispiel: Apfelstrudel ist mein Leibgericht. Kann ich mir aber jeden Tag so viel Apfelstrudel nehmen, wie ich will, habe ich bald keine Lust mehr darauf.
2. Hat der Hund Spaß am Training, ist er motiviert und darf viele Erfolge feiern, geht er auch top motiviert in die nächste Trainingseinheit mit Ihnen. Er hat die Erfahrung gemacht, dass Training Spaß macht. Setzen Sie also auf kleine Trainingsschritte und gestalten Sie das Training so wasserdicht, dass der Hund eigentlich keine Fehler machen kann.
3. Achten Sie darauf, dass Sie beim Training gute Laune haben. Passen die Umstände nicht und Sie haben eigentlich gerade gar keine Zeit oder Lust? Es ist nass und eklig draußen, oder Sie haben Stress in der Arbeit und sind mit den Gedanken woanders? Dann brechen Sie das Training besser ab, denn Ihr Hund wird merken, dass Sie nicht gut gelaunt sind, was sich auf seine Leistungsfähigkeit auswirkt.

4. Stress und Angst hemmen das Lernvermögen von Hunden. Dadurch sinkt auch die Motivation. Ein bisschen (positiver) Stress ist gut, ab einem bestimmten Stresslevel ist jedoch kein Lernen mehr möglich. Achten Sie also auf eine entspannte Trainingsatmosphäre und behalten Sie Ihre Strafintensität/-frequenz im Auge.

Selbstwirksamkeit

Selbstwirksamkeit erfährt Ihr Hund durch alle Trainingselemente, die ihm zeigen, dass er mit seinem eigenen Verhalten die Umwelt steuern und etwas bewirken kann. Es geht darum, dass der Hund lernt **eigene Problemlösungsstrategien zu entwickeln** und damit Erfolg zu haben. Das Freie Formen (siehe Clickertraining) gehört zum Beispiel zu einer Technik, bei der der Hund viel Selbstwirksamkeit erfährt. Auch das Nimm-Nein-Spiel (siehe Frustrationstoleranz) ist gut dafür geeignet. Zudem stärkt die folgende Übung die Selbstwirksamkeit Ihres Hundes: Öffnen Sie die Haustüre ein Stück – will Ihr Hund sofort hinausstürzen, schließen Sie sie wieder. Dann öffnen und schließen Sie die Türe so oft, bis der Hund versteht, dass er nicht direkt hindurchgehen soll. Sie geben ihm dabei keine Signale oder Hilfen. Nimmt er sich zurück und stürzt nicht mehr nach vorne, öffnen Sie die Türe komplett und geben Sie ihm sein Freigabe-Signal. Der Hund lernt, dass er – wenn er sich zurücknimmt – durch die Türe gehen darf. Er kann also mit dem, was er tut, auf die äußeren Umstände einwirken und hat selbstständig eine Strategie entwickelt, die ihn zum Ziel bringt. Selbstwirksamkeit stärkt Selbstbewusstsein, Souveränität, Kreativität und Kognition des Hundes. Geben Sie Ihrem Hund ruhig öfter den Raum eigene Problemlösungen für eine verzwickte Situation zu finden (auch im Alltag). Stehen Sie ihm dabei als sicherer Hafen zu Seite.

Z — WIE …

Zertifizierung Hundetrainer

Seit 2014 müssen alle Hundetrainer, die gewerblich arbeiten möchten, ihre Sachkunde beim zuständigen Veterinäramt nachweisen. Der § 11 des Tierschutzgesetzes besagt: »Wer gewerbsmäßig für Dritte Hunde ausbilden oder die Ausbildung der Hunde durch den Tierhalter anleiten will, bedarf der Erlaubnis der zuständigen Behörde.« Auch für eine Hundepension oder Zucht ist ein Nachweis der Fachkenntnisse erforderlich. Viele Veterinärämter erkennen Ausbildungslehrgänge, wie zum Beispiel die Ausbildung zum Hundetrainer und Verhaltensberater BHV/IHK oder bei Ziemer&Falke als Sachkunde an. Andere verlangen eine separate Prüfung vor Ort. Diese besteht in der Regel aus einem Single-Choice-Test am PC (dem sogenannten DOQ Pro Test), sowie einer mündlichen und praktischen Prüfung.

Foto: Thore Brockhoff

SCHLUSSWORT

Wer kann schon alles wissen? Das haben wir uns auch gefragt und unsere Autorin gebeten, doch mal für die Allgemeinheit ein kleines Lexikon zu erstellen. Gefragt – getan. Mit dem Willen, es so präzise wie möglich und dennoch nicht auf Hunderten von Seiten zu verfassen, hat sie aus ihrem Wissen als Trainerin und Trainerausbilderin geschöpft. Darüber hinaus ließ sie Expertinnen und Experten zu Wort kommen, um über die Funktion des Nachschlagewerks hinaus Kommentare und Anregungen als Lektüre für Zwischendurch einzubinden. Kleine Tipps für Trainings sowie Übungseinheiten runden das Ganze ab und machen das ABC zu einem rundum hilfreichen Nachschlagestück – ohne zu erschlagen.

Viel Freude wünscht das Team von DER HUND Wissen

und **»Danke, Veronika«**, sagt **DER HUND**

Susanne C. Steiger, *Chefredakteurin*

Folgen Sie uns für mehr Infos zu unseren Hundebüchern auf:

www.instagram.com/muellerrueschlikon.hund

www.facebook.com/muellerrueschlikonverlag

Müller Rüschlikon